KLEINE TEXTE FÜR VORLESUNGEN UND ÜBUNGEN
HERAUSGEGEBEN VON HANS LIETZMANN
149

DIE KLEINEREN HISTORIKERFRAGMENTE AUF PAPYRUS

BEARBEITET

VON

FR. BILABEL

BONN
A. MARCUS UND E. WEBER'S VERLAG
1922

Die vorliegende Sammlung der kleineren Historikerfragmente, die auf Papyrus erhalten sind, bezweckt, die Texte, welche sehr verstreut in heute zum Teil kaum mehr erschwinglichen Publikationen veröffentlicht sind, einem weiteren Kreise bequem zugänglich zu machen. Ausgeschlossen wurden die großen, in Sonderveröffentlichungen vorliegenden Texte der Ἀθηναίων πολιτεία des Aristoteles, der Hellenika von Oxyrhynchos und der Liviusepitome sowie auch die kleinen Stücke, die in Zitatenform im Didymoskommentar zu des Demosthenes Philippicae und in manchen anderen, wiedergewonnen Werken erhalten sind. Ebenso wurden die mancherlei historischen Nachrichten, die sich aus Biographien, Schultexten und ähnlichen Werken, ja selbst aus Dichtern, heben lassen, nicht aufgenommen, zumal sie an anderem Orte vorgelegt werden sollen. Daß Papyri der uns längst bekannten Historiker nicht berücksichtigt wurden, ist selbstverständlich. Dagegen bin ich in der Lage, zwei noch unveröffentlichte Fragmente zu bringen. Für die Überlassung des Berliner Stückes wie einer Photographie von Nr. 8 bin ich Herrn Professor Schubart, für die leihweise Übersendung des Sosylos der Würzburger Universitätsbibliothek zu aufrichtigem Danke verpflichtet.

Auf Wunsch des Verlages habe ich nur wirklich unsichere Buchstaben durch Punkte bezeichnet, dagegen von der Kenntlichmachung nicht ganz erhaltener, aber sicher zu ergänzender, durch untergesetzte Striche abgesehen. Von mir herrührende Ergänzungen sind mit B. gezeichnet.

Heidelberg, im Juni 1922.

Fr. Bilabel.

1. FRAGMENT ÜBER DIE BESIEDLUNG VON EPIRUS UNTER DEN KYPSELIDEN UND DIE AUFLÖSUNG GRIECHISCHER TYRANNENHERRSCHAFTEN.

Veröffentlicht im Catalogue of the Greek Papyri in the John Rylands library Manchester I (1911) Nr. 18 mit guter Photographie. Schrift des 2. Jahrh. v. Chr. Größe: 8,8 × 10,2 cm. Die Sätze sind durch Paragraphi getrennt. Oberer Rand vorhanden.

Col. I.	Col. II.
]ο̣ποις	[. .] . . ταπ . ι . . τα δια-
]τοδε	βὰς εἰς τὴν Ἤπειρον
]εν	[π̣ο̣]λ̣λ̣ὴ̣ν τῆς παραλί-
]σ̣των	[ας ὑ]π̣ωρι̣ας ἔκτισ[εν].
ο]ὐκ οἶδεν	Χίλων δὲ ὁ Λάκω[ν]

Col. II. **1** Hunt: vielleicht [εἶ]τα διαβάς. γέ könnte statt π gelesen werden. Beides ist nach der Photographie unmöglich. Der Buchstabe vor dem zweiten τα war am wahrscheinlichsten ein α. Hinter δια fehlt nichts mehr (Hunt δια[). Die ersten 3 Buchstaben sind mir so gut wie sicher. Trotzdem will eine Ergänzung nicht recht gelingen; denn auch [τοῦ Ἰονίου κόλπου] (o. ä.) τὰ π[ε]ί[ρ]α̣τα, das sich mit den Spuren vielleicht vereinigen ließe, befriedigt nicht recht. Für διαβαίνειν εἰς vgl. z. B. Herod. IV 118 **2** Unklar bleibt die Person, von der gesprochen wird. Da es wohl sicher ist, daß im Vorausgehenden von älteren griechischen Tyrannen die Rede war, weil nur so die Worte II 5 fg. einen Sinn haben, so wird also von einem derselben in unserem Satze die Rede sein. Polykrates, den Hunt zur Wahl stellt, scheidet mit Sicherheit nach dem Wortlaut des Fragmentes (vgl. Herod. III 39) aus. So bleiben nur Kypselos und seine Söhne, die ja Südepirus besiedelt haben, übrig. (Vgl. Busolt, Gr. Gesch. I 641 fg., Beloch, Gr. Gesch. I 1², 362; Klotzsch, Epirotische Geschichte S. 15 fg.). Eine chronologische Schwierigkeit vermag ich darin (so Hunt) nicht zu sehen. Denn wenn II 5 fg. von der Tyrannenvertreibung durch die Spartaner gesprochen wird, so kann vorher doch die Wirksamkeit derselben in den vorausliegenden Zeiten erwähnt gewesen sein, zumal Plut., De Herod. mal. 21 ausdrücklich erzählt, daß auch die Kypseliden in Korinth und Ambrakia von den Spartanern vertrieben wurden. Daher fasse ich Ἤπειρον[1] als Ländernamen. Ebenso Beloch, Gr. Gesch. I 2², 279 **4** [ὑ]π̣ωρίας: Hunt zweifelnd [ὑ]π̣ωρε̣ί̣ας, doch kann ich von ε̣ nichts sehen, auch reicht der Raum dazu nicht **5** Chilon, nach Diog. Laert. I 68 Ephor in Ol. 55 (= 560/57) [spätestens nach dems. 556], war vielleicht überhaupt

[1] Dahinter fehlt nichts mehr.

		ρ sic!
	]ἑαυτῶν	ἐφορεύσας καὶ στα[τηγή]-
	]κοινὸν	σας Ἀναξανδρίδη[ς τε]
	]τα ὠφε-	τὰς ἐν τοῖς Ἕλλ[ησ]ιν
[λ	].εις δὲ	τ[υρα]ννίδας κατέλυ-
	]Σπαρ-	σα[ν] ἐν Σικυῶν[ι] μὲν
[τ	]εσ . . σ	Αἰ[σχ]ίνην, Ἱππίαν δὲ
— — —	— — —	[Ἀθήνησιν] Πεισιστ[ρα]-
		[τ — — — — —

2. GESCHICHTE VON SIKYON (EPHOROS?).

Veröffentlicht: P. Oxy. XI 1365 mit Abb. Pl. VI; fast vollständige Kolumnen von je 35 Zeilen. Schrift des 3. Jahhr. n. Chr. Größe: 29,4 × 10,8 cm. Paragraphi und 2 Arten von Punkten, hohe und mittlere, sind angewandt. Eine Korrektorenhand ist erkennbar. Literatur: M. Lenchantin de Gubernatis, Atti Acc. Torino 51, 290 ff.; Ders., Bollet. di Fil. Class. 35, 127 f. [mir unzugänglich]; Costanzi, Riv. di Filol. etc. 44, 369 f. Zur Autorfrage auch: P. Oxy. XIII S. 109 ff.

Klammern und Punkte unter den Buchstaben sind gelegentlich von mir nach der Photographie anders als von den Herausgebern gesetzt worden. Die nicht in Klammern ( ) gesetzte Interpunktion steht auf dem Papyrus.

Col. I

— — — — — —	[ἐ]πιταχθείσας ἐκ τῶν
[ὄ]ν[τ]α δημότην κ[αὶ]	[Δ]ελφῶν ἀπέδωκε
[φ]α[ῦ]λον τὸν ἄνθρω-	[τ]οῖς θεοῖς· τῆς δὲ τυ-
πον· παρημέλησε	[ρ]αννίδος τῆς μελ-
τοῦ μαντείου. καὶ τὰς	[λ]ούσης ἔσεσθαι κατε-
μὲν ἄλλας θυσίας τὰς	[φρό]νησεν· ὁ δὲ Ἀν-

der 1. Ephor **6** στρα[τηγή]σας oder στρα[τεύ]σας **7** Anaxandrides: der König regiert nach Beloch l. c. etwa 550—520 (vgl. auch P.-W. s. v.) **9** Das 2. ν von τ[υρα]ννίδας ist aus δ korrigiert **10** Hinter σα[ν] freier Raum **11** Αἰ[σχ]ίνην vgl. Plut. l. c. . . . Κυψελίδας μὲν ἐξέβαλον ἐκ Κορίνθου καὶ Ἀμπρακίας, ἐκ δὲ Νάξου Λύγδαμιν, ἐξ Ἀθηνῶν δὲ τοὺς Πεισιστράτου παῖδας, ἐκ δὲ Σικυῶνος Αἰσχίνην usw. Daß Hippias von Anaxandrides vertrieben worden sei, ist unrichtig; es war nach Herod. V 64 sein Sohn und Nachfolger Kleomenes. Der Schluß etwa Πεισίστρα[τον διαδεξάμενον o. ä.

2 **1** Wahrscheinlich ging ein Satz wie etwa [αἰσθόμενος δὲ ὁ δῆμος ὁ τῶν Σικυωνίων Ἀνδρέαν] vorher (Hgg.) **5** θυσίας etc., wohl wegen des Frevels an Teletias (Plut., De ser. num. vind. 7). Bei Diod. l. c. ist der Grund des Orakels nicht angegeben.

Col. I Forts.

[δ]ρ̣[έ]α̣ς τὸ γενόμενον
αὐτῷ̣ π̣αιδίον ἔτρε-
φεν ὄνομα θέμενος
[᾿Ο]ρθαγόραν(,) ὃς μέχρι
μὲν ἡλ̣ι̣κ̣ί̣α̣ς δ̣[ιετέ]-
[λ]εσε διαιτώμενο̣ς
κ̣αὶ παιδευόμ̣ε̣νος
[ο]ὕτως ὥσπερ ἦν εἰ-
κ̣ὸς υἱὸν ὄντα μαγεί-
[ρου] καὶ τοῦ τυχό̣ν̣[τος]
[τῶ]ν πολιτῶν· ἐπει-
δὴ δὲ τὴν τῶν παί-
[δω]ν παρήλλαξεν ἡ-
λ̣ικίαν· γενόμενος
τ̣ῶν περιπόλων τῶν
[φ]ρ[ο]υρούντων τὴν
[χώ]ρ̣α̣ν· πολέμου συν-
[ε]στῶτος τοῖς Σικυω-
νίοις πρὸς Πελλη-
νέας· ἦν μὲ̣ν ἐν ἅ-
πασι τοῖς καιροῖς ἔ-
[νερ]γος καὶ χαρίε̣ι̣ς·
[κ]αταδραμόντων
[δ]ὲ τῶν Πελληνέ[ω]ν

Col. II

καὶ συμβα̣[λόντων ἐξ αἰ]-
φνιδίου βο[ηθήσας]
ἀπέκτειν[ε τῶν πο]-
λεμίων τιν̣[ὰς καὶ]
πολὺ πάντ[ων ηὐδο]-
κίμησε μά[λιστα]
τῶν περιπ[όλων(.)]
ἀνθ' ὧν οἱ Σ[ικυώνι]-
οι περιπόλ[αρχον αὐ]-
τὸν ἀπέδει[ξαν(.) εὐθὺς]
δὲ τυχὼν τ[αύτης]
τῆς τιμῆς ἐ[νίκησε]
τοὺς πολεμ̣ί[ους ἔτι]
λαμπρότερ[ον(,) ὥστε]
τῶν πολιτῶ[ν πολλοὺς]
ᾠκειοῦτο κ[αὶ προσ]-
ήγετο· καὶ χ̣[ρόνου]
προελθόντο[ς εἷλον]-
το πολέμαρχ[ον αὐ]-
τόν. μάλιστα [μὲν δι]-
sic!
ὰ τὴν ἀνδρ^ε^ί[αν καὶ]
τὴν εὐτυχία[ν τὴν]
κατὰ πόλεμο[ν(,) ἔπει]-
τα καὶ τὸ πλῆ[θος τῶν]
πολιτῶν εὖ [πρὸς αὐ]-
τὸν εἶχεν· π̣[ολε]-
μήσαντος δ[ὲ κατὰ]
τὴν ἀρχὴν ἀ[νδρείως]
τήν τε χώραν [τὴν]
οἰκείαν δια[φυλά]-
ξαντος· καὶ π[ολλὰ κα]-
κὰ τοὺς πολε[μίους]
ποιήσαντο[ς ὁ μὲν]
δῆμος ὁ τῶν [Σικυω]-
νίων αὖθι[ς — — —

24 παρήλλαξεν: vgl. in demselben Sinn in der Hellen. Oxyrh. XIX 2 **31** Pap. ῆν **33** χαρίεις: ebenso z. B. Hellen. Oxyrh. I 9 **41** μάλ[λα πρότερος] Lenchantin de Gubernatis **47** ἐ̣[βιάσατο] ders. ἐ̣[τρέψατο] Costanzi 373, 1 **50** πολιτῶ[ν τινας] ders. **60** Pap. εὗ **61** Der Strich unter der Zeile bei Grenf.-Hunt übersehen **66** fg. vgl. Hell. Oxyrh. XV 31 und XVIII 36 **70** ergänze etwa: [πολέμαρχον αὐτὸν εἵλετο]

Die Geschichte der Tyrannen von Sikyon hat vor Grenfell-Hunt (zu unserem Papyrus) zuletzt Beloch, Gr. Gesch. I 2 [2], 284 fg. (vgl. I 1 [2], 361) behandelt. Es scheint, daß sich im wesentlichen zwei Überlieferungen gegenüberstehen. Die eine wird durch Herod. VI 126 und Paus. II 8, 1 repräsentiert (der letztere nennt nur Andreas nicht). Danach lautet der Stammbaum:

Andreas
|
Myron (648 v. Chr. Olymp. Sieg, Paus. VI 19, 2)
|
Aristonymos
|
Kleisthenes

Die andere wird durch folgende Autoren vertreten: Aristot. Polit. 1315 b: πλεῖστον γὰρ χρόνον ἐγένετο ἡ περὶ Σικυῶνα τυραννὶς ἡ τῶν Ὀρθαγόρου παίδων καὶ αὐτοῦ Ὀρθαγόρου· ἔτη δ' αὕτη διέμεινεν ἑκατόν und 1316 a: ἀλλὰ μεταβάλλει καὶ εἰς τυραννίδα τυραννίς, ὥσπερ ἡ Σικυῶνος ἐκ τῆς Μύρωνος εἰς τὴν Κλεισθένους (Aristoteles verfaßte nach Pollux IX 77 eine Σικυωνίων Πολιτεία). A. kennt also Orthagoras (als Stammvater) und dessen Nachkommen als Tyrannen von Sikyon, dazu Myron als Vorgänger des Kleisthenes. Dem entspricht Nikolaos von Damaskos fr. 61: Μύρων ὁ Σικυωνίων βασιλεύς, ἀπ' Ὀρθαγόρου κατάγων τὸ γένος; Myrons Brüder sind Isodemos und Kleisthenes gewesen. Nach seiner Ausdrucksweise kennt er also ein Zwischenglied zwischen Orthagoras und Myron. Plutarch, De sera num. vind. 7 berichtet: Σικυωνίοις μὲν Ὀρθαγόρας γενόμενος τύραννος, καὶ μετ' ἐκεῖνον οἱ περὶ Μύρωνα καὶ Κλεισθένη usw. Die letztere Stelle gibt meines Erachtens einen Einblick in die Entstehung des jüngeren, nachherodoteischen Stammbaums: Orthagoras ist als Sohn des Andreas (so unser Papyrus) an die Stelle des herodoteischen Myron getreten. Dadurch wurde dieser frei und nach ihm angesetzt, von Plutarch offenbar unmittelbar nach Orthagoras, von Nikolaos aber nach einem Zwischenglied, wohl dem herodoteischen Aristonymos, der offenbar in der Überlieferung nie hervorgetreten und darum von Plutarchs Quelle übergegangen ist. Eine Nebenlinie des Orthagoras Aristonymos — Kleisthenes, ersteren als Bruder des Orthagoras (so Beloch l. c.), hat es nie gegeben (Aristoteles sagt es zudem ausdrücklich), sondern der zweite Stammbaum stellt sich folgendermaßen dar:

Andreas
|
Orthagoras
|
(Aristonymos)
|
Myron (Isodemos) Kleisthenes

Bei Diodor VIII 24 ist durch die Exc. Vat. nur ein Bruchstück eines delphischen Orakels erhalten: Die Sikyonier sollen 100 Jahre lang unter einem Peitschenschwinger stehen. Als sie sich nach diesem erkundigen, erfahren sie, daß es der sei, ᾧ ἂν καταπλεύσαντες πρώτῳ γεγενημένον υἱὸν ἀκούσωσιν. ἐτύγχανε δὲ τοῖς θεωροῖς ἠκολουθηκὼς τῆς θυσίας ἕνεκα μάγειρος (Libanius, Or. contra Severum IV p. 173, 2 Foerster nennt Orthagoras μάγειρος), ὃς ἐκαλεῖτο Ἀνδρέας. μισθοῦ τοῖς ἄρχουσι μαστιγοφορῶν ὑπηρέτει. Rest nicht erhalten. Hier schließt unser Papyrus an.

Eine historische Persönlichkeit wird Orthagoras, von dem unser Papyrus handelt, schwerlich gewesen sein. Die Herausgeber haben übrigens S. 107 schon darauf aufmerksam gemacht, daß Ähnlichkeiten mit der Kypselosgeschichte bei Nikol. v. Dam. fr. 58 vorhanden sind, und weiter halten sie es mit Recht für durchaus wahrscheinlich, daß unser Fragment dem Ephoros zuzuschreiben sei, der wahrscheinlich im VII.—VIII. Buch diese Dinge behandelt hat. Weniger wahrscheinlich ist es, daß wir es mit des Aristoteles verlorener Schrift zu tun haben. Lenchantin denkt an des Menaichmos Σικυωνιακά. Auch würde ich dem Ephoros die Zurechtbiegung des Stammbaumes durch Vereinigung verschiedener Versionen am ehesten zutrauen.

---

3. EPHOROS, ἹΣΤΟΡΙΑΙ BUCH XI ODER XII.

Sechzig, meist sehr kleine Fragmente, veröffentlicht in P. Oxy. XIII 1610. Schrift: eine schöne, aufrechte Unziale des ausgehenden 2. oder beginnenden 3. nachchristlichen Jahrhunderts. Abbildungsproben sind beigegeben (Taf. III). An Interpunktion kommen Paragraphi und hochgestellte Punkte vor, außerdem sind am Schluß der Zeilen gelegentlich Füllpunkte verwendet und Abschnitte durch leeren Raum angedeutet. Die Zeilenlänge variiert zwischen 12—17 Buchstaben, die Anordnung ist nach Diodor, soweit es möglich war, vorgenommen, der auch die Hauptargumente für die Zuweisung an Ephoros abgibt. Vgl. besonders S. 105/6 der ersten Ausgabe für die Autorfrage.

Frg. 1 (Abb.).

[. . . . . . .]. ạν ḳ[. . . .
[. . . . . . .]ị ποτὲ τ .[. .
[. . . . . . .]ṭην ṭ[. . .
[. . . . ἐπα]νịẹ́[ναι δ' ἀνα-
γ[κ]αῖόν [ἐ]ọτιṿ[αὖθις
εἰ̣[ς] ṭὰ τότε π[ερὶ τοῦ]
Θεμιστοκλέο[υς. λέ]-
γουσι δ' οἱ μέν, ὅ[τι ὑπέ]-
μνησεν αὐṭ[όν, ὣν]
περί τε τῆς ν[αυμα]-
χίας καὶ τῆς γ̣[εφύρας]
[προ]ήγγειλε· π[ερὶ μὲν]
[τῆ]ṣ ναυμαχ̣[ίας . . .
[. .] . ạ[. . . . .

---

4 ff. ἐπανιέναι und αὖθις ergänzt Bury; δ' von mir wegen des Hiatus eingeschoben **7** ff. οἱ μέν, so Thukyd. I 137, 4. Dort steht in dem Schreiben des Themistokles an den König Artaxerxes (= αὐτόν Z. 9) die Bemerkung des Thukyd. γράψας τὴν ἐκ Σαλαμῖνος π ρ ο ά γ γ ε λ σ ι ν τῆς ἀναχωρήσεως καὶ τὴν τῶν γεφυρῶν etc. Nach Plut. Themist. 27 hat übrigens Ephoros (u. a.) den Brief an Xerxes selbst gelangen lassen. Diodor XI 56, 4 ff., der Them. auch zu Xerxes kommen läßt, erwähnt den Brief nicht. Vgl. auch Nepos Themist. 9. Den Ausdruck ὑπέμνησεν αὐτὸν gebraucht auch Aristodemus (FHG V S. 13 fr. 10, 4), der übrigens unter dem Adressaten Artaxerxes versteht. Vgl. zu der chronologischen Frage Busolt, Gr. Gesch. III 132, 2 **11** Auch Diod. XI 19, 5 gebraucht den Sing. γεφύρα, während Thukyd. a. a. O. u. Herod. VIII 110 den Plural setzen **12** Für [προ]ήγγειλε ist der Raum sehr knapp, so daß vielleicht [ἐξ]ήγγειλε (dieses Plut. Them. 12) vorzuziehen ist. μέν B.; die Hgg. δέ

Frg. 2.

[. . .]ων ἐσπ̣ο̣ύ̣δ̣[ασε·]
[τίς ?] δὲ τοσοῦτο̣ν [λαμ]-
πρ]ῶν ἔργω[ν πλῆθ]-
[ος περάνας ο. ä.]

Frg. 3.

[.]ε . [. .]ω[. .] ἐκ[εῖνον]
μὲν ὑπὸ τῆς πόλε[ως]
ἠτιμασμένον, τ[ὴν]
δὲ πόλιν διὰ τ[ὰ]ς ἐ-
κείνου πράξε̣[ις] τῆς
μεγίστης τιμῆς ὑπὸ
τῶν Ἑλλήνων ἀξι-
ωθεῖσαν, ἣ μεγάλην
[ἡγεμονί ?]αν οἷον τ̣.

Frg. 4 + 5 (Abb.).

. . . . . σο]φ̣[ωτάτην καὶ]
[δικαι ?]οτά[τ]η[ν] | [καὶ]
. . . .]τά[τ]η[ν] | κ̣[αὶ]
[χαλεπ]ωτάτ|ην [γενο]-
[μένη]ν̣ πρὸς | ἐκε[ῖνον.]
[οἱ δ' ὑ]πολαμβάνου[σιν],
[ὅτι εἴ]περ ἐβουλή[θη]
[ἐκ ? δο]ῦναι τὴ[ν ἡγε]-
[μονία ?]ν̣ α̣π̣α̣[. . . . .]

Frg. 6 (Abb.).

ε̣ι̣ρ̣η̣[μεν . . . ὅθεν ?]
παρεξ[έβ]ημε̣ν· Ἀ[θη]-
ναῖοι [δ]ὲ Κ[ί]μωνος
τοῦ Μι[λ]τ̣ιάδου στρα-
τηγοῦ[ν]τος ἐκπλεύ-
σαντ̣ες ἐκ Βυζαντ̣ί-
ου μετ̣ὰ̣ τῶν συμμά-
χων [Ἠι]όνα̣ τὴν ἐπὶ 476
Στρ[υμό]νι Περσῶν ἐ-

16 τοσούτοι[ς διὰ τ]ῶν ἔργω[ν] der Hgg. befriedigt nicht. Zu τοσούτοις gehört ein Substantiv im gleichen Kasus, wie es Diod. XI 59, 2 τίς δὲ τοῖς ἔργοις ἐν εἰρήνῃ τὴν πατρίδα δυνατὴν κατεσκεύασε τοιούτοις auch bietet **18** Vgl. Diod. XI 59, 3: διόπερ ὅταν τὸ μέγεθος τῶν ἔργων αὐτοῦ θεωρήσωμεν καὶ σκοποῦντες τὰ κατὰ μέρος εὕρωμεν ἐκεῖνον μὲν ὑπὸ τῆς πόλεως ἠτιμασμένον, τὴν δὲ πόλιν διὰ τὰς ἐκείνου πράξεις ἐπαιρομένην, εἰκότως τὴν δοκοῦσαν εἶναι τῶν ἁπασῶν πόλεων σοφωτάτην καὶ ἐπιεικεστάτην χαλεπωτάτην πρὸς ἐκεῖνον εὑρίσκομεν γεγενημένην **28** Bury ergänzt am Anfang ἄλλως **29** ματαιο]τά[τ]η[ν Bury. [καί] B. **35** Wegen des Hiatus wird προδο]ῦναι von den Herausgebern gegen Bury, der 33—36 ergänzt hat, vorgeschlagen **37** Bury [ἐπανίωμεν δὲ τοσούτων περὶ τοῦ Θεμιστοκλέους] ε̣ἰ̣ρ̣η̣[μένων] etc. Quelle ist Thukyd. I 98, mit dem der Text zum Teil wörtlich gleich ist: πρῶτον μὲν Ἠιόνα τὴν ἐπὶ Στρυμόνι Μήδων ἐχόντων πολιορκίᾳ εἷλον καὶ ἠνδραπόδισαν, Κίμωνος τοῦ Μιλτιάδου στρατηγοῦντος. ἔπειτα Σκῦρον τὴν ἐν τῷ Αἰγαίῳ νῆσον, ἣν ᾤκουν Δόλοπες etc. Vgl. Diod. XI 60, 1 ff.: . . . Ἀθηναῖοι στρατηγὸν ἑλόμενοι Κίμωνα τὸν Μιλτιάδου καὶ δύναμιν ἀξιόλογον παραδόντες, ἐξέπεμψαν etc. οὗτος δὲ παραλαβὼν τὸν στόλον ἐν Βυζαντίῳ, καὶ καταπλεύσας ἐπὶ πόλιν τὴν ὀνομαζομένην Ἠιόνα, ταύτην μὲν Περσῶν κατεχόντων ἐχειρώσατο, Σκῦρον δὲ Πελασγῶν ἐνοικούντων καὶ Δολόπων ἐξεπολιόρκησε etc. Aus dem letzten Stück wird man Z. 47 ergänzen dürfen zu ἣν νῆσ[ο]ν̣ [Πελασγοὶ καὶ Δόλοπες ἐνῴκουν]. Zur Sache vgl. Herod. VII 107 u. Plutarch, Kimon 7. Beloch, Gr. Gesch. II 1², 65 ff.; II 2², 182 f.

χό̣ν̣[τω]ν εἷλον καὶ
475 [Σκῦρο]ν̣, ἣν νῆσ̣[ο]ν̣
— — — — — — —

Frg. 7.

Col. I [. . . . .] τ̣ὴν
[. . . . .]ν̣εῖται
[. . . . .] . ης· αὐ-
[τοῦ γὰρ? πρ]ὸ̣ς Λυκο-
[μήδην τὸν β]α̣σ̣ι̣λέ̣α̣
Col. II — — — — — — — —
[.]ο̣[
π̣ρω[
μαν̣[
θησι̣[

Frg. 8.

[παραθ]αλα[ττίων]
[καλο]υμένω[ν πόλε]-
[ων ὅσ]αι μὲν ἐκ τ[ῆς]
[Ἑλλά]δος ἦσα[ν ἀ]-
[πῳ]κισμέναι π[αρα]-
χρῆμ[α] σ̣υν̣[έπεισε]

Frg. 9 + 10 + 53.

Col. I [. . . . . . . Κίμων πυν]- Um 470
[θανόμενος τὸ]ν̣ τ[ῶν]
[Περσῶν στόλο]ν περὶ
[τὴν Κύπρον συ]ντετά-
[χθαι διακοσί]α̣ις πεν̣-
[τήκοντα π]ρ[ὸς] | τρια-
[κοσίας κ]α̣ὶ τετ|ταρ̣[ά]-
[κοντα.] π̣αραταχ[θεί]-
[σ]ας δὲ πολὺν χρόνο[ν]
πολλὰς μὲν τῶν κ̣[ιν]-
δυνευουσῶν βαρβα̣[ρι]-
κ̣ῶν νεῶν διέφθε̣[ι]-
[ρ]εν, ἑκατὸν δ' αὐτοῖς

---

51 Plutarch, Kim. 8 erzählt gelegentlich der Einnahme von Skyros durch Kimon, dieser habe sich πυνθανόμενος δὲ τὸν παλαιὸν Θησέα .. φυγόντα μὲν ἐξ Ἀθηνῶν εἰς Σκῦρον, αὐτοῦ δ' ἀποθανόντα δόλῳ διὰ φόβον ὑπὸ Λυκομήδους τοῦ βασιλέως beeilt, dessen Grab zu finden **57** ff. Diod. XI 60, 4 πλεύσας οὖν (sc. Kimon, nach Verstärkung seiner Flotte durch athenische und ionische (u. a.) Schiffe) μετὰ τοῦ στόλου πρὸς τὴν Καρίαν, τῶν παραθαλαττίων πόλεων ὅσαι μὲν ἦσαν ἐκ τῆς Ἑλλάδος ἀπῳκισμέναι, ταύτας παραχρῆμα συνέπεισε ἀποστῆναι τῶν Περσῶν etc. Zur Sache auch Plut. Kim. 12 **63** ff. Diod. XI 60, 5 f. Nach der Erzählung von der Gewinnung der karischen und lykischen Städte durch Kimon und von der Aufstellung persischer Land- und Seestreitkräfte heißt es: Κίμων δὲ πυνθανόμενος τὸν στόλον τῶν Περσῶν διατρίβειν περὶ τὴν Κύπρον, καὶ πλεύσας ἐπὶ τοὺς βαρβάρους, ἐναυμάχησε διακοσίαις καὶ πεντήκοντα ναυσὶ πρὸς τριακοσίας καὶ τετταράκοντα. γενομένου δ' ἀγῶνος ἰσχυροῦ καὶ τῶν στόλων ἀμφοτέρων λαμπρῶς ἀγωνιζομένων τὸ τελευταῖον ἐνίκων οἱ Ἀθηναῖοι καὶ πολλὰς μὲν τῶν ἐναντίων ναῦς διέφθειραν, πλείους δὲ τῶν ἑκατὸν σὺν αὐτοῖς τοῖς ἀνδράσιν εἷλον etc. Plutarch Kim. 12 weicht sehr von Ephoros ab; er berichtet ausdrücklich, daß im Gegensatz zu Phanodemos Ephoros die Zahl der feindlichen Schiffe mit 350 angebe, und läßt Kimon 200 Schiffe nehmen. Ebenso Nepos Cim. 2, 2. (Nach Thukyd. sind die Gesamtverluste der persischen Flotte 200 Trieren.) Aristodemus 11, 2 läßt 100 Schiffe erobert werden; ebenso Lykurg. g. Leokr. 72; vgl. Diod. XI 62, 3. Busolt. Gr. Gesch. III 144 ff.

[ἀ]νδράσιν [ε]ἷλε ζωγρή-
[σας τ]ὸν π̣[. . . . .]ων
Col. II — — — — — —
λην̣[
λα .[
και .[
πατ[
τ̣ι τ̣ω[
τω[
τω[

Frg. 11.

[. . . . . τὸν μὲ]ν
[στρατηγὸ]ν̣ αὐτῶν
[Φερενδάτη]ν̣ ἀδελ-
[φιδοῦν ὄντ]α̣ τοῦ βασ[ι]-
[λέως ἐν τῆι] σκηνῆι̣[

Frg. 12 + 13.

Col. I 3 Zeilenreste ohne Wert.
Col. II [. . . . .]ε̣
[. .] δ̣ι̣ετέλ[ουν ὄ]ντες·
[ὥσ]τε νομίζοντες ἀ-
πὸ τῆς ἠπείρ[ου] τὴν
ἔφοδον αὐτ[οῖς γεγ]ο-
νέναι τῶν π[ο]λ̣εμί-
ων πρὸς τὰ[ς] ν̣α̣ῦ[ς] ἔ̣-
φευγον, ὑπο[λ]αμβά-
νοντες αὐτοῖς εἶ[ν]αι
φιλίας· οὗ δὴ π[ο]λλοὶ
μὲν ὑπὸ τῶν κατα-
λ̣ε̣ιφθέντων ἐκεῖ
φυλάκων ἀπέθνῃ[[ι]]-
[σκον] ἐν τῆι νυκτί,
[πο]λ̣λ̣οὶ δὲ ζῶντες ἠ-
λίσκοντο π̣εριπίπτον-
τες τοῖς Ἕλ̣λ̣η|σιν | διὰ
τὴν ἀπορί[α]|ν ὅ̣που
τ̣[ρ]άπ[ο]ι̣[ντο] | καὶ τὸ̣ν
[ἐ]ξ[αίφνης] | αὐτοῖς ἐ̣-
[πιπεσόντα φόβ?]ο̣ν
[. . . . .]α̣τα̣

Frg. 14.

]στρα[τιωτ?
] νυ[κτ?
αὐ?]τ̣οῖς πυρ[σὸν?

---

77 π[ολεμί]ων oder Π[ερσικ]ῶν [δυνάμεων ist wegen des fehlenden Artikels kaum möglich **78** Zwischen Col. I und II fehlen etwa 40 Zeilen **86** Zum Einfall ins persische Lager vgl. Diod. XI 61, 3 καὶ τὸν μὲν στρατηγὸν τῶν βαρβάρων τὸν ἕτερον Φερενδάτην, ἀδελφιδοῦν τοῦ βασιλέως ἐν τῇ σκηνῇ καταλαβόντες ἐφόνευσαν etc. **95** ff. Diod. XI 61, 4 ff. διὸ καὶ νομίσαντες (die Perser, in große Verwirrung durch Kimons Angriff zu Lande versetzt) ἀπὸ τῆς ἠπείρου τὴν ἐπιφορὰν εἶναι τῶν πολεμίων πρὸς τὰς ναῦς ὡς φιλίας ἔφευγον (Kimon hatte auf den eroberten Schiffen eigene Leute in persischer Verkleidung eingeschifft). τῆς δὲ νυκτὸς οὔσης ἀσελήνου etc. Plutarch, Kim. 13 folgt einer ganz anderen Quelle. Polyaen. Strat. I 34, 1 erzählt die bei Diodor erhaltene Kriegslist ebenfalls, läßt die Griechen aber nach Kypros fahren **103** f. Zum Ausdruck vgl. Ephoros fr. 53 (FHG I S. 247): φύλακας δὲ κατέλιπον **112/3** Die letzten Buchstaben können auch σ bzw. ων sein **115** ff. Diod. XI 61, 6: Nach der Niedermetzlung vieler Barbaren gab ὁ μὲν Κίμων προειρηκὼς τοῖς στρατιώταις πρὸς τὸν ἀρθησόμενον πυρσὸν συντρέχειν das Zeichen

]ιηνα[
]ον̣ .[

[δεδιὼ?]ς μ̣ὴ πραγ-
[μα]

Frg. 15 (Abb.).

465 [. . . . . τ?]οὺς[
[. . . λογχ?]ο̣φόρους, ὧ[ν
[. . . . .]ων ἐτ̣ύγχα-
[νεν ὁ 'Α]ρταξέρξης,
[ἅμα μ]ὲν αὐτὸς κατα-
[σχεῖν? τ]ὴ̣ν βασιλείαν
[βουλό? μ]ενος· ἅμα δὲ

Frg. 16.

[. . . . . . . ἀνε]κ̣ο̣ι̣νοῦ-
[το? τὴν . . . .] . ιν πρὸς
[τὸν εὐνοῦχον] Μιθρι-
[δάτην κατα]κ̣[ο]ιμι-
[στὴν τοῦ βασιλέ]ω̣ς
[. . . . .]ν

Die übrigen Fragmente ergeben nichts.

---

4. EPITOME EINES WERKES ÜBER SIZILISCHE GESCHICHTE (PHILISTOS?).

Veröffentlicht P. Oxy. IV 665 mit Abb. Pl. I. 2 Fragmente, offenbar zu derselben Kolumne gehörig (Frg. a: 10,5 × 4,6 cm. Frg. b: 10,3 × 4,6 cm). Die Abschnitte sind durch Paragraphi und durch Vorstehen der jeweils ersten Zeile am linken Rande um Buchstabenbreite markiert. Feine Unzialschrift wohl des 2. Jahrh. p. Chr. Es handelt sich um die Kämpfe der ξένοι in den verschiedensten sizilischen Städten nach der Vertreibung der Tyrannen **466** (Diod. XI 68, 5; vgl. XI 72 und 76), die sich infolge des Versagens unserer Quellen (Diodor) im Einzelnen nicht genauer datieren lassen.

---

120 ff. Diod. XI 69, 1: - - 'Αρτάβανος - - δυνάμενος δὲ πλεῖστον παρὰ τῷ βασιλεῖ Ξέρξῃ καὶ τῶν δορυφόρων ἀφηγούμενος, ἔκρινεν ἀνελεῖν τὸν Ξέρξην καὶ τὴν βασιλείαν εἰς ἑαυτὸν μεταστῆσαι. ἀνακοινωσάμενος δὲ τὴν ἐπιβουλὴν πρὸς Μιθριδάτην τὸν εὐνοῦχον, ὃς ἦν κατακοιμιστὴς τοῦ βασιλέως καὶ τὴν κυριωτάτην ἔχων πίστιν, ἅμα δὲ καὶ συγγενὴς ὢν 'Αρταβάνου καὶ φίλος ὑπήκουσε πρὸς τὴν ἐπιβουλήν. Ich kann hier die Anordnung der Herausgeber nicht für richtig halten. Vor allem ist die Rolle des Artaxerxes in 123 völlig unklar; übrigens stimmt in fr. 15 nur ein Wort mit Diodor. Stellt man fr. 16 vor 15 und verbindet man mit fr. 15 Diod. XI 69, 3 ff.: - - 'Αρτάβανος παραγενόμενος - - πρὸς τὸν 'Αρταξέρξην ἔφησε Δαρεῖον τὸν ἀδελφὸν αὐτοῦ φονέα γεγονέναι τοῦ πατρὸς καὶ τὴν βασιλείαν εἰς ἑαυτὸν περισπᾶν. συνεβούλευσεν οὖν αὐτῷ πρὸ τοῦ κατασχεῖν ἐκεῖνον τὴν ἀρχὴν σκοπεῖν ὅπως μὴ δουλεύσῃ, so wird bei entsprechender Ergänzung die Schwierigkeit behoben. Ich schlage vor 120 ff. statt [. . . λογχ]ο̣φ̣όρους das zu erwartende [δορυ]φόρους (die Abb. spricht nicht dagegen) ὧ[ν ἦν ἡγεμ]ών auf Artabanos, das Folgende aber auf Artaxerxes zu beziehen: ἐτύγχα[νε δ' ὁ 'Α]ρταξέρξης [ἅμα μ]ὲ̣ν αὐτὸς etc. Zur Sache vgl. Ktesias fr. 29/30; Justin. III 1 **130** Da πρᾶ]ξ̣ιν als Ergänzung in Betracht kommt (Hgg.), so wird vorher das Part. Praes. gestanden haben

Daß es sich in unserem Papyrus um die einem größeren Werke vorangeschickte Inhaltsangabe nach Art der des Diodor oder der von Theopomps Philippika (s. S. 15) handelt, ist wohl sicher. (Dopp l. c. S. 29 möchte eher an eine Chronik denken, die sich mit der Geschichte der Tyrannen und der unmittelbar anschließenden Zeit befaßte. Grund: die zu eingehende Behandlung des Stoffes.) Während Blass in der englischen Ausgabe als Verfasser an Timaios denkt, hat Fuhr BphW 1904 Sp. 1438 mit Recht auf das zu Z. 13 erwähnte Zitat aus Philistos hingewiesen und mit mehr Wahrscheinlichkeit diesen als Autor bezeichnet.

Frg. a (oben freier Rand).

[τῶ]ν ἐν Ὀμφα[λῶι καὶ]
Κακύρωι ξέν[ων ἐπὶ]
[Γ]έλαν στρα[τεία.]
βοή[ϑ]ẹια Συραχ̣ο[σίων]
Γε[λῷ]ιοις καὶ πọ[ρεία]
τῶν ξένων πρὸ[ς Συρα]-
κοσί̣ους.
μάχη Συρακοσ[ίων καὶ]
τῶν ξένω̣ν [ἐν τῶι]
Γλαυκῶν πε[δίωι ?]
[. . . . . .]αρ̣[.]ν[. . .
— — — — — —

1 Ὀμφα[λῶι]: vgl. Cic. Verr. IV 48: ex Hennensium nemore, qui locus, quod in media est insula situs, umbilicus Siciliae nominatur. Kallim., hym. in Cer. 6, 15 τρὶς δ' ἐπὶ καλλίστης νήσου δράμες ὀμφαλὸν Ἔνναν 2 Κακύρωι: Man suchte die Stadt bisher in dem heutigen Cassaro nordöstlich von Palazzolo (letzteres westlich von Syrakus). Über die Lage kann aus dem Pap. kaum etwas geschlossen werden 5 πọ[ρεία] erg. von E. Dopp, Eine sizil. Chronik, Programm Rostock 1908. Hinter π ist der Rest eines Buchstabens sichtbar, den die Herausgeber auf ε, η, ι oder ρ deuten. Die Photographie läßt an σ, ο oder ρ denken. Da die Hgg. gerade das letztere, das man nach der Abb. am ehesten vermutet, verwerfen (und daher das naheliegende πρ[εσβεία] nicht ergänzen wollen), liegt πọ[ρεία] am nächsten 9/10 will Dopp lesen [9] [τῶν περὶ] [10] Γλαῦκον πε[ριόντα ἔτι Καμ]αρ[ίναν κατασχόντων . . . .]. Er glaubt Γλαῦκον statt Γλαύκων lesen zu sollen, da der nicht ganz sichere Buchstabe für ω zu schmal sei, und will in ihm den Schol. Aeschin. Ctes. 189 (ed. Schultz S. 347) erwähnten Karystier Glaukos sehen, zu dem eine fälschlich hinter Φιλάμμωνα (ebd.) geratene Notiz gehört, wie Bekker Anekd. I p. 227 s. v. Γλαῦκος beweist. Es heißt von ihm dort u. a., daß er nach dem Tode des Tyrannen Hippokrates διεδέξατο τὰ πράγματα καὶ κατασταθεὶς ὑπὸ Γέλωνος ἐν Καμαρίνῃ καταψηφισαμένων αὐτοῦ Καμαριναίων θάνατον ἀνῃρέθη. Das Anekd. berichtet: ἀνῃρέθη ἐξ ἐπιβουλῆς ὑπὸ Γέλωνος τοῦ τυράννου. Diese Beziehung scheitert aber

Frg. b (unten freier Rand).

— — — — — —

᾿Ακρα[γαν]ṭ[ίνων ἐπὶ]
Κραστὸν στρ[ατεία]
ἡ γενομέν[η περὶ]
Κραστὸν Ἱμερα[ίων]
καὶ Γελώιων πρὸς ᾿Α[κρα]-
γαντίνους μάχ[η.]
ὡς οἱ τὴν Μινώιαν
τῶν ξένων οἰκ[ί]-
ζοντες ὑπ' ᾿Ακρα-
γαντίνων καὶ Σ[υρα]-
κοσίων ἡιρέθη[σαν]
[. . ᾿Ακρ]αγαν[τιν . . .

---

5. FRAGMENT MIT EREIGNISSEN VON 355/4 V. CHR.

Papyrus der Sammlung Erzherzog Rainer, veröffentlicht von C. Wessely in „Beiträge zur alten Geschichte und griechisch-römischen Altertumskunde (Festschrift zu O. Hirschfelds 60. Geburtstage, 1903)" S. 100 fg. Vielleicht aus Karanis oder Soknopaiu Nesos. Schrift auf Rekto; Bruchstück einer größeren Rolle. Höhe 8 cm, Breite 11,5 cm; oberer Rand 3,5 cm. Breite der 1. Kol. 9 cm, nach Interkolumnium von 1,2 cm Reste einer 2. Kol. Schrift eine bessere Kursive aus dem Anfang des 2. Jahrh. n. Chr. (private Abschrift).

---

schon daran, daß Gelon bereits 478 starb, wir uns aber um 465 befinden (aus dem Anekd. aber sieht man, daß καταστα϶εὶς nicht zu ὑπὸ Γέλωνος zu nehmen ist). Auch ist Z. 11 αρ völlig unsicher, es kann ebenso z. B. λο dagestanden haben. Übrigens scheint mir Γλαύκων von Grenf.-H. richtig zu sein; das etwas klein geratene ω ebenso in Frg. a Z. 6 ξένων. Wahrscheinlicher als die Annahme eines unbekannten Söldnerführers Γλαύκων — einzelne Personen treten in dem Fragment neben den ξένοι hier nirgends auf — ist es mir, daß der Ort des Zusammenstoßes genannt war (vgl. Z. 14/5). So käme man auf die in die Lücke gut passende Ergänzung [9] [ἐν τῶι] [10] Γλαυκῶν πε[δίωι]. Letzteres also als Ortsname (unbekannt) gefaßt **11** Lücke zwischen Frg. a und b ungefähr 10 Zeilen **13** Κραστός: Steph. Byz. zitiert die Stadt als Sikanersiedlung aus den Sikelika des Philistos **18** ὡς etc. Diese Form oft bei Diodor in den Inhaltsangaben **23** Wahrscheinlich beginnt hier ein neuer Abschnitt

Col. I	Col. II
[ἐπο]-	
λέμει πρὸς βασιλέα καὶ συνεμβα-	πολ[
λὼν εἰς Φρυγίαν ἐπόρθει τὴν Τιθραύσ-	βαιο[
του χώραν, ἕως ἡ Ἀθήνηθεν ἦλθεν	την[
πρεσβεία κωλύουσα πολεμεῖν αὐ-	καὶ[
τὸν τοῖς βασιλικοῖς σατράπαις· τότε	νετ[
δ' εἰρήνην ποιήσας Τιθραύστι πρὸς	προ[
Ἀρτάβαζον ἐπὶ θάλατταν κατέβη⟦ι⟧	λαι̣[
καὶ μ̣ι̣σ̣θ[. .]ε̣ .[. . . . .]τ[. . .]τ̣ρο .[. . .]	α̣λ̣ .[

Rest abgebrochen.

Die erwähnten Ereignisse hat W. richtig auf den Aufstand des persischen Satrapen Artabazos gegen Artaxerxes III. bezogen. Artabazos gewann die Hilfe des athenischen Söldnerführers Chares. Vgl. Diodor XVI 22, 1 fg.: Ἀρταβάζου γὰρ ἀποστάντος ἀπὸ τοῦ βασιλέως καὶ μέλλοντος ὀλίγοις στρατιώταις πρὸς τοὺς σατράπας διαγωνίζεσθαι μυριάδας ἑπτὰ στρατιωτῶν ἔχοντας, συμμαχήσαντος αὐτῷ Χάρητος πάσῃ τῇ δυνάμει καὶ νικήσαντος τὴν τοῦ βασιλέως δύναμιν, ὁ μὲν Ἀρτάβαζος ἀποδιδοὺς τῆς εὐεργεσίας χάριτας ἐδωρήσατο πλῆθος χρημάτων, ἐξ ὧν δυνατὸν ἦν πᾶσαν τὴν δύναμιν ὀψωνιάζεσθαι, οἱ δ' Ἀθηναῖοι τὸ μὲν πρῶτον ἀπεδέξαντο τὴν πρᾶξιν τοῦ Χάρητος, ὕστερον δὲ τοῦ βασιλέως πρέσβεις ἀποστείλαντος καὶ κατηγοροῦντος τοῦ Χάρητος τὴν ἐναντίαν ἔσχον γνώμην. Man beeilte sich in Athen, mit den abgefallenen Bundesgenossen, die vom Perserkönig gegen Athen aufgehetzt wurden, Frieden zu machen. Diod. XVI 34, 1: . . . Ἀρτάβαζος, ἀποστάτης ὢν τοῦ βασιλέως, διεπολέμει πρὸς τοὺς ἀποσταλέντας ὑπὸ τοῦ βασιλέως σατράπας εἰς τὸν πόλεμον. καὶ τὸ μὲν πρῶτον συμμαχοῦντος αὐτῷ Χάρητος τοῦ Ἀθηναίων στρατηγοῦ ἐρρωμένως ἀντετάττετο τοῖς σατράπαις, ἐκείνου δ' ἀπελθόντος μονωθεὶς ἔπεισε τοὺς Θηβαίους συμμαχίαν αὐτῷ πέμψαι. Diese schicken Pammenes zu Hilfe, der die Satrapen in zwei großen Schlachten schlägt.

Siehe zu den Ereignissen Judeich, Kleinasiatische Studien S. 209 fg., der die übrigen Belege (210, 2) zusammengestellt hat. Der Name des Tithraustes als eines der kgl. Feldherren war schon durch Schol. Demosth. (1. Phil.) ed. Dind. T. VIII S. 154 bekannt. Beloch, Gr. Gesch. III 1 [2], 242 f.; Kahrstedt, Forschungen zur Geschichte des ausgehenden fünften und des vierten Jahrhunderts, S. 95 fg. Es sind also die Ereignisse des Jahres **355/4** gemeint. Wir lernen durch den Papyrus, daß Tithraustes Satrap von Phrygien war. Im übrigen stimmen die Angaben desselben keineswegs, wie W. behauptet (S. 102), vollkommen mit Diodor überein; denn nach unserem Papyrus stiftet Chares Frieden zwischen Tithraustes und Artabazos. Nach Diodor aber kämpft der letztere mit thebanischer Unterstützung weiter gegen die Satrapen. Ob es sich um

1 [ἐπο]λέμει erg. W. (oder [διεπο]λέμει, ders.) **3** Pap. ηελθη^{εν} **5** Pap. τοτ^{ε} **6** lies Τιθραύστῃ **8** Hinter μ̣ι̣σ̣θ̣[. .] scheint ε̣π̣ zu stehen. Im folgenden τρο oder προ, darauf wieder ein τ oder π. W. ergänzt „etwa: καὶ μ̣ι̣σ̣θ[οῦ] ἐ̣π̣[ὶ τὸν αὐ]τ[ὸν] τρόπ[ον ἐστρατεύετο]“.

einen Sonderfrieden mit Tithraustes und Artabazos handelt, oder ob der Krieg nach einem ephemeren Frieden und dem Eintreffen thebanischer Unterstützung neu auflebte, vermögen wir nicht zu entscheiden. Das letztere wäre wahrscheinlich, wenn mit W. in Col. II 2 [Θη]βαιο[. . zu ergänzen und mithin dort ebenfalls von der Fortsetzung des Kampfes gehandelt wäre.

---

6. EPITOME ZU THEOPOMPS PHILIPPIKA BUCH 47.

Erste Veröffentlichung in der Oxford-Ausgabe des Theopomp und Cratippos. Neue Ausgabe im Catal. of the Greek Papyri in the John Rylands library Manchester I No. 19 mit Abbildung Plate 6 (schlecht). Größe 7,2 × 10,8 cm; Schrift des 2. Jahrh. n. Chr. Ereignisse des Jahres 340. Oberer freier Rand vorhanden. Der Titel Θεοπόμπου [Φιλιππικῶν μζ] auf dem Verso von zweiter Hand zeigt an, daß unsere 1. Kolumne auch die 1. der Rolle gewesen ist (vgl. Sosylos). Die erste der über ein Ereignis referierenden Zeilen ist jeweils nach links ausgerückt.

Rekto:

Col. I

[Τάδε ἔνεστι]ν ἐν τῇ ἑβδόμ[ῃ καὶ]
[τεσσαρακο]στῇ τῶν Θε[ο]πόμ-
[που Φιλιπ]πικῶν.
[τοῦ πρὸς Φίλι]ππον πολέμου
[Ἀθηναίοι]ς ἀρχὴ καὶ Περίν-

Col. II

Θρακῶν τῶν Τετρ[αχωρι-τῶν]
καλουμένων.
Ἀνγισσοῦ Θρακίας [πόλεως ὑ]-
π' Ἀντιπάτρου κα[τὰ κράτος ἅ]-
λωσις.

Col. I 1 Ergänzung nach Diod., wo die Epitome des 1. Buches überschrieben ist: τάδε ἔνεστιν ἐν τῇ πρώτῃ τῶν Διοδώρου βίβλων. Vgl. auch die Prologi historiarum Philippicarum Pompei Trogi: primo volumine continentur haec etc. — Die Buchzahl ist gesichert durch die Angabe bei Steph. B. s. v. Ἀγησσός (vgl. Col. II 3 Ἀνγισσοῦ): πόλις Θρᾴκης, ὡς Θεόπομπος ἐν τεσσαρακοστῇ ἑβδόμῃ 5 [Ἀθηναίοι]ς: vgl. die Inhaltsangabe Diod. XI: πόλεμος Ῥωμαίοις πρὸς Αἰκολανοὺς etc. — Nach Diod. XVI 77 (vgl. Philochoros fr. 135 [FHG I S. 406]) war

Col. II 1 Die Tetrachoriten werden erwähnt bei Steph. B. s. v. Τετραχωρῖται· οἱ Βεσσοί, ὡς Στράβων ἑβδόμῃ. οὗτοι λέγονται καὶ Τετράκωμοι und bei Polyaen. Strateg. IV 4, 1, eine Erzählung, die sich auf unseren Krieg zu beziehen und aus Theopomp entnommen zu sein scheint. — Abhängig wird der Genitiv Θρακῶν etc. etwa von [Ἀπόστασις (dieses schon vom Herausgeber angenommen) καὶ καταστροφή] sein 3 Ἀνγισσοῦ: vgl. Steph. B. Ἀγησσός· πόλις Θρᾴκης, ὡς Θεόπομπος ἐν τεσσαρακοστῇ ἑβδόμῃ. Es ist wohl wahrscheinlicher, daß aus ΑΓΓΙCCOC ΑΓΗCCOC verlesen ist als umgekehrt; dafür spricht

[θου καὶ Βυζα]ν̣τ̣ί̣ο̣[υ πολιο]ρ-
[κίᾳ ὑπὸ Φιλίππου].
— — — — — — —

'Αντιπάτρῳ κα̣[ὶ] Παρ[μενίωνι]
περὶ τοὺ^ς Τετραχω[ρίτας
οὖσ]-
[ι ἔγρ]α̣[ψε] Φίλιππ[ος.....]
[........] των [..........]
[........] παν [..........]
— — — — — — —

Verso (2. H.): Θεοπόμπου [Φιλιππικῶν μζ].

Die die Sicherheit einzelner Buchstaben bezeichnenden Punkte sind außer in I 6 von mir nach der Photographie zugesetzt. Auch bezüglich der Klammern sind gelegentlich Abweichungen von der englischen Publikation nötig gewesen.

7. ALEXANDERGESCHICHTE.

Veröffentlicht P. Oxy. XV No. 1798. 54 Fragmente, von denen nur die größeren aufgenommen sind. Schrift aus dem Ende des 2. Jahrhunderts n. Chr. Die Rückseite trägt, soweit sie nicht frei ist, das Glossar No. 1802. Gelegentlich sind Paragraphi verwendet. 2 Korrekturen von zweiter Hand und die stichometrische Angabe $\overline{\psi}$ (Frg. 5/6 II 17) weisen auf eine sorgfältige Buchausgabe.

---

die Belagerung von Byzanz durch Philipp die Veranlassung dafür, daß die Athener den Krieg begonnen haben: Φιλίππου Βυζάντιον πολιορκοῦντος 'Αθηναῖοι μὲν ἔκριναν τὸν Φίλιππον λελυκέναι τὴν πρὸς αὐτοὺς συντεθεῖσαν εἰρήνην· εὐθὺς δὲ καὶ δύναμιν ναυτικὴν ἀξιόλογον ἐξέπεμψαν βοηθήσουσαν τοῖς Βυζαντίοις. Die Belagerung beginnt schon 341 und die Perinths schon 342 (Diod. XVI 74, 2). Die Athener aber greifen erst 340 ein. Man wird den Widerspruch wohl am besten dadurch lösen, daß man nicht [πολιο]ρ[κία ὑπὸ Φιλίππου] mit Hunt (denn auch wenn man ἀρχή mit ihm als „Ursprung“ faßt, wird die Sache nicht besser), sondern [πολιο]ρ[κίᾳ] oder [πολιο]ρ[κηθέντων] schreibt. Andernfalls müßte man Ungeschicklichkeit des Epitomators annehmen.

die Angleichung des N an das folgende Γ, die 'Αγγησσός voraussetzt, ganz entschieden. Livius hat Agassae (44, 7, 5; 45, 27, 1). Es handelt sich bei der Eroberung von Angissos vermutlich um dieselbe Unternehmung wie bei den Tetrachoriten. Da sie von Alexanders Feldherrn ausgeführt wird, dürfen wir annehmen, daß Philipp selbst noch mit der Belagerung von Perinth und Byzanz zu tun hat. Wenig Wahrscheinlichkeit hat eine Beziehung auf das Jahr 339, in dem Philipp über den Haemus an die untere Donau zieht und beutebeladen durch das Triballergebiet (Bulgarien) zurückmarschierend, unter schweren Kämpfen den Heimweg erkämpft (vgl. Beloch, Gr. Gesch. III 1², 557). Offenbar schickt nämlich Philipp nach Z. 6 fg. den Feldherren im Gebiet der Tetrachoriten einen Befehl zu; sie waren also nicht bei ihm **7** τοὺ^ς Korrekt. 2. H. **8** [ἔγρ]α̣[ψε] von mir ergänzt; die schwache Spur auf dem Papyrus paßt zu α̣ gut

Frg. 1.

— — — — — — —
[. . . . . .] τους μ[.] . [. .]
[. . . . . θ]εάτ[ρ]ωι κα[. .]
[. . . . . .]ους ἀπε[. . .]
[. . . . . .]ε περὶ θρόν[ον]
[. . . . .]ιν τοῖς μ[. .]
[. . . . . . π]αρέδωκε[ν].

[οὗτοι δ'] ἀπετυπάν[ι-]
[σαν αὐτό]ν· τὸ δὲ σῶμ[α]
[τοῦ Φιλ]ίππου θερά-
[πουσι θάψ]αι παρέδωκ[ε]
[. . . . . . . π]ερὶ τὴν [. .]
[. . . . .]σκλ[. . . .]
— — — — — — —

Das Fragment bezieht sich auf die Ermordung des Königs Philipp, der bei der prunkvollen Feier der Vermählung seiner Tochter Kleopatra mit Alexander von Epirus beim Eintritt ins Theater (vgl. Z. 2) von Pausanias getötet wurde. Vgl. Diod. XVI 94; Justin. IX 6. Nach Diodor wurde der Mörder von Perdikkas und seiner Umgebung am Tatort ergriffen und niedergestochen. Anders Justin l. c. (vgl. XI 2, 1), welcher ihn am Grabe gekreuzigt werden läßt (nach der zweiten Stelle werden die conscii am Grabe getötet). Unser Autor nimmt eine Zwischenstellung ein: als Subjekt zu [π]αρέδωκε[ν] Z. 6 ist entweder Perdikkas oder besser vielleicht Alexander zu denken, der den Mörder seiner Umgebung übergab (vgl. zur Ergänzung von Z. 5/6 unten). Eine unbekannte Person, wie die Hgg., braucht man unter [αὐτό]ν nicht zu verstehen. Dasselbe Subjekt ist dann zu dem Z. 10 ungeschickt wiederholten παρέδωκ[ε] zu denken.

Frg. 2.

— — — — — —
[. . .] . [. . . . .]
[. .]σου [. . . . .]
[. .] δακρυσ . [. . . . . . .]
[Κά]δμου . [. .] . β . [. .]
[το]σοῦτο κακὸν δι[. .]

[.] ἐκόλισε[ν] Θήβα[ις]
[κ]αὶ δὴ Θῆβ[α]ι ἐν ἀν-
[θρ]ώποισιν ἄοικοι [
[. . .]διχον τ' ἀρνάς τε[
[. . .] οιμ. ὀαρούς τε λε[
[. . .] . εν μ[. .] . δρη . [

Hexametrische Einlage, die sich auf die Zerstörung Thebens (335) bezieht.

Die Frg. 3—43 ergeben nichts; in Frg. 5—6 c. II 6 ist Σπιθα[ραδατ . . erwähnt, der identisch ist mit dem Diod. XVII 19 ff. erwähnten Satrapen Spithrobates, der bei Arrian I 15/6 und Plut. Alex. 16 Σπιθριδάτης heißt. Dieselben Fragmente enthalten c. II 17 auch die stichometrische Angabe ψ̄.

Frg. 1. 1 ff. Vorschlag der Hgg: τοὺς μ[ὲ]ν | [ἐν τῶι θ]εάτ[ρ]ωι κα|[θημέν]ους ἀπέ[λυ|σε τοὺς (bzw. τοῖς)] δ[ὲ 5 Für μ auch λ möglich. Statt des letzteren ist vielleicht auch α denkbar, so daß ich die Ergänzung τοῖς ἀ[μφ' | ἑαυτὸν] etc. vorschlage 6 ν von mir hinzugefügt 7 [οὗτοι δ'] von mir ergänzt. 'Αποτυπανίζειν ist nicht neu oder poetisch, vgl. P. Paris. S. 208 = Wilcken UP Z I 119. Damit entfällt der Schluß der Hgg. S. 124/5

Frg. 2. 4 [Θ]ηβη[möglich

Frg. 44.

Während Diodor XVII 31, 4 ff. von dem Schreiben des Parmenion nichts erzählt, erwähnen Arrian II 4, 7 ff.; Plutarch, Alex. 19; Curtius III 5 ff.; Justin. XI 8, 3 ff. dasselbe; doch ist die Motivierung Z. 4 neu.

Col. I.

[ὑγιοποι]ήσειν αὐτὸν φαρ-
[μά]κωι. μέλλοντος δ'
[αὐτ]οῦ διδόναι Παρμε-
[νί]ων διάφορος ὢν τῶι
[Φι]λίππωι γράφει πρὸς
[Ἀλ]έξανδρον κελεύων
φυλάξασθαι τοῦτον· ἀ-
κούειν γὰρ χείλια τά-
λαντα Δαρεῖον αὐτῶι
διδόναι καὶ τὴν ἀδελ-
φὴν γυναῖκα, ἐφ' ὧι αὐ-
τὸν ἀνελεῖ. Ἀλέξαν-
δρος δὲ λαβὼν τὴν ἐ-
πιστολὴν καὶ οὐδενὶ
προσποιησάμ[ε]νος
π̣είν[ει . . . .] .
τ̣ι̣α̣[
— — — — — —

Col. II.

εἶχε τοὺς Μακεδόνας·
ἑξήκοντα γὰρ τῶν βαρ-
βάρων μυριάδε[ς] ἦσαν.
οἱ δὲ Πέρσαι τῶν Μακε-
δόνων κατεφρόνουν.
Ἀλέξανδρος δὲ πλησί-
ον ὁρῶν τὴν κρίσιν
ἐν ἀγωνί(αι) ἦν καὶ πρὸς

Col. I **1** Hgg. [ἐπιχειρ]ήσειν bzw. [ἐπηγγείλατο θεραπεῦσαι ἐπιχειρ]ήσειν. Bei letzterer Ergänzung stört die Stellung des αὐτόν. Ich ziehe daher [ὑγιοποι]ήσειν vor **3** Der Arzt Philippos **7** φυλάξασθαι bei Arrian u. Plutarch ebenfalls gebraucht **8** ff. Dieselbe Zahlenangabe nur bei Curtius; die anderen Autoren haben allgemeine Ausdrücke. Nach Plutarch soll er die Tochter des Königs neben Geld bekommen **14/5** προσποιεῖσθαι mit Dat. kommt nicht vor. Die Hgg. denken an οὐδέν«ι» πρ. und vergleichen Polyb. V 25, 7, wo das Verbum „sich merken lassen" bedeutet. Es ließe sich auch an die Änderung des Verbums in προσ⟨κ⟩οι⟨νω⟩σάμενος denken, wo der Ausfall des Ω in einer Handschrift die falsche Lesung veranlaßt haben könnte

Col. II **1** εἶχε nämlich φόβος. Auch Justin XI 9, 3 heißt es von Alexander: Itaque cum spes metum vinceret, periculosius differre bellum ratus, ne desperatio succresceret etc. **2** Justin hat XI 6, 11 in der Schlacht auf den campi Adrastei die Zahl der Perser auf 600 000 angegeben, während er bei Issos 300 000 Fußsoldaten und 100 000 Reiter in den Kampf ziehen läßt. Diodor XVII 31, 2 spricht von über 400 000 Fußsoldaten und 100 000 Reitern. Arrian II 8, 8 beziffert die Perser auf gegen 600 000. Plutarch Alex. 18: 600 000 **5** Bei Diod. XII 32, 4 sind es die einheimischen Hilfstruppen Alexanders, die τῆς τῶν Μακεδόνων ὀλιγότητος καταφρονήσαντες übergehen. Nach Plut. Alex. 19 wird dem Alex. sein langes Verweilen in Kilikien von Darius als Feigheit ausgelegt (u. a. Zeugnissen) **8** Curtius III 8, 20 spricht von sollicitudo Alexanders und erzählt III 8, 22 ipse in iugum editi montis escendit multisque conlucentibus facibus patrio more sacrificium dis praesidibus loci fecit. Justin (cf. Anm. zu c. II 1) gebraucht metus

εὐχὰς ἐτράπη Θέτιν
καὶ Νηρηΐδας καὶ Νηρέα
καὶ Ποσειδῶνα ἐπικα-
λούμενος, ὧι καὶ τέτρω-
ρον ἅρμα ἐκέλευσεν
εἰς τὸ πέλαγος ἀνα[γα]-
γόντας ῥεῖψαι. ἐσφ[αγιά]-
ζετο δὲ καὶ νυκτὶ κ[. . .]

— — — — — —

Col. III

σαν οἱ Πέρσαι. εἶτα τὸ
λοιπὸν τῶν βαρβάρων
πλῆθος μεθ' οὓς οἱ ξένοι.
οἱ δὲ περὶ τὸν Ἀλέξαν-
δρον ἱππεῖς μὲν ἱππεῦ-
σιν, πεζοὶ δὲ πεζοῖς
ἐπηκολούθουν καὶ τὸ
πεδίον πλῆρες ἦν νε-
κρῶν. πολὺ δὲ μέρος
τῶν Μακεδόνων ἐπὶ
τὰς σκηνὰς τῶν βαρβά-
[ρ]ων ὥρμησεν εἰς δι-
[α]ρπαγὴν τῶν ἐν αὐταῖς.
[π]λήρεις δ' ἦσαν ποικί-
[λ]ης γάζης. Ἀλέξανδρος
[δ'] ἐπιθυμῶν λαβεῖν
[Δαρ]εῖον ἐδίωκεν με-
[τὰ δρ]όμου. πυθόμε-
[νος δὲ ἤδη α]ὐτὸν α[.].[ ]

— — — — — — —

Col. IV.

ἔχοντι ὑπ' ἀθεραπ[ε]υ-
σίας τῆι ἑξῆς προσ[ή]-
νεγκέ τις τῶν ὑπασπ[ι]-

---

9 ff. Bezüglich der genannten Götter haben die Hgg. schon daran erinnert, daß Alexander sein Geschlecht auf Thetis und Nereus zurückführte. Sie glauben aber (nach Tarn) wegen der merkwürdigen Zusammenstellung der Seegottheiten, hier die fälschliche Übertragung von einer passenderen Stelle wie der Überschreitung des Hellespontos oder dem Opfer am Hydaspes annehmen zu sollen. Allein abgesehen davon, daß Thetis und Nereus den Poseidon sehr leicht nach sich ziehen konnten, ist doch zu bedenken, daß der eine makedonische Flügel ans Meer angelehnt kämpfte, und das Versenken eines Wagens eine symbolische Handlung darstellt, die dem Feinde geschehen soll. Die einheimischen Ortsgötter des Curtius sind das kaum; aber auch unser Autor scheint noch ein weiteres nächtliches Opfer (vgl. facibus etc. bei Curt.) erwähnt zu haben

Col. III **1** Die Hgg. ergänzen vor Z. 1 etwa [εἰς φυγὴν ὥρμη]σαν (nach Diod. XVII 34, 7). Die Schilderung der Schlacht von Issos ist leider verloren. Jedenfalls scheint die Beschreibung viel summarischer gewesen zu sein als die bei Arrian II 10/11; mit den Πέρσαι war wohl der linke persische Flügel gemeint, den Alexander zuerst schlug. Von dem zähen Widerstand der Griechen im persischen Zentrum scheint unser Autor nichts berichtet zu haben **8** Vgl. Diod. XVII 34, 9 **9** Vgl. Diod. XVII 35, 1, der die Makedoner erst bei Einbruch der Nacht mit der Verfolgung aufhören und sich der Plünderung der persischen Zelte zuwenden läßt **15** Auch die Episode des Kampfes um Darius scheint unser Autor sehr verkürzt zu haben; vgl. Diod. XVII 33, 5 ff., Curtius III 11, 7. Ähnlich kurz, wie unser Text, sind Arrian II 11, 2; Justin XI 9, 9

Col. IV **1** ff. Die folgende Erzählung ist sonst nicht belegt. Die Hgg. denken an [βαρέως] ἔχοντι, ich ziehe [κακῶς] vor

στῶν λαβὼν παρὰ [βου]-
κόλου ἄρτου τρύφος. [ὁ]
δὲ διὰ τὴν ἔνδ[εια]ṿ
φαγὼν ἀσμένως πάν-
τες ἄρα, εἶπεν, ἄνθρω-
ποι ζῶσιν ἡδέως. ἀ-
πέθανον δὲ τῶν μὲν
Μακεδόνων πεζοὶ
χείλιοι καὶ ἱππεῖς δια-
κόσιοι, τῶν δὲ βαρβά-
ρων πεζοὶ μὲν οὐκ ἐ-
λάττους πέντε μυριά-
δων, ἱππεῖς δὲ τρισχί-
λιο[ι, τῶν δὲ ξ]ẹ́ṇων πε-
[ρὶ . . . .]ẹ . η
— — — — — — — —

Von Col. V sind nur Zeilenanfänge erhalten.

Frg. 45.

— — — — — — —
[. . . . .]ọ[. . . . .]
[. . . . .]ασκ[. . . . . .]
λύσας ἅπαντας α[. . . ἐ]-
βαινεν ἐπὶ Δαρẹ[ῖον
διαβὰς τὸν Εὐφρ[άτην]
καὶ μάχην αὐτῶ[ι συν]-
άπτει δευτέραν [. . . . .]
[. . . . .] . ṿ[. . .]θ̣α . [. . . .]
— — — — — — —

Frg. 46 —54 nur einzelne Worte bzw. Buchstaben.

---

8. DIE BELAGERUNG VON RHODOS 304 v. CHR.

Hgg. von Hiller v. Gaertringen in Sitzungsber. d. preuß. Akad. 1918, 752 fg. [P. Berl. 11 632]. Größe: 27 cm hoch, 21,3 cm breit. Am rechten Ende der ersten der beiden Kolumnen Blattklebung. Von der linken Kolumne sind die Zeilenanfänge ganz, von der rechten die Enden fast ganz verloren. Oben und unten ist der Pap. vollständig. Zwei kleine, nicht zu diesen Kolumnen gehörige Fragmente ergeben nichts. Abb. Taf. III ist der Veröffentlichung beigegeben. Von mir nachverglichen nach einer ausgezeichneten, von Schubart zur Verfügung gestellten Photographie. Schrift des 2. Jahrh. p. Chr. (Doch keine Buchschrift.)

---

9 ff. Hinsichtlich der persischen Verluste herrscht bei den Quellen, von Justin abgesehen (er gibt XI 9, 10: 61 000 Fußsoldaten und 10 000 Reiter an), Einheitlichkeit: Gesamtverluste 110 000 Mann (Plutarch Alex. 20); von Diod. (XVII 36, 6), [Arrian II 11, 8: 100 000 Mann, darunter über 10 000 Reiter], Curtius III 11, 27 werden 100 000 Infanteristen und 10 000 Reiter angegeben. Die Zahl bei Justin führt vielleicht darauf, daß seine Quelle, wie unser Autor, daneben noch die ξένοι zählte. Diese Einheitlichkeit legt es nahe, in Z. 17 statt πε[ρὶ] ein πέ[ντε μυριάδες] zu ergänzen und anzunehmen, daß noch Reiterei der ξένοι gezählt war. Die makedonischen Verluste sind sehr hoch angegeben. Diodor: 300 Infanteristen, 150 Reiter; Curtius: 302 Infanteristen, 150 Reiter; Justin: 130 Infanteristen, 150 Reiter

Frg. 45 **4** ff. Vgl. Arrian III 7, 1 ff.

Der Text, im ionischen Dialekt abgefaßt, behandelt die Belagerung von Rhodos durch Demetrios Poliorketes (vgl. Diod. XX 93 fg.). Nach H(iller) ist es wegen der mannigfachen Korrekturen (Striche in hellerer Tinte könnten auf eine bessernde Lehrerhand weisen, doch glaubt Schubart für die Hauptschrift nicht an eine Schülerhand) möglich, an das Konzept eines Schriftstellers zu denken. Als Verfasser hat H. mit aller Zurückhaltung Zenon von Rhodos für denkbar erachtet (vgl. Polyb. XVI 14, 1 fg.), ohne natürlich zu einer Sicherheit zu gelangen. Jedenfalls hat unser Autor mit Diodor eine gemeinsame Quelle benützt.

Col. I.

— — — — — — — — — — —

[. . . . β]ασιλικοῖσι γάρ [[σφιν]] ἐοῦσι χρέ-
[εσθαι οὔ] σφισιν ἦν. [[᾿Αμυ]] κ[α]ὶ τὰ μὲν οὕ-
[τως ἔπρηξα]ν. ᾿Αμύντης δὲ πλέων ἐπὶ
[νήσω]ν καταπελταφέτας ἕνδεκα πρὸς τὴν πολιορκί-
[ην τὴν τῶ]ν πολίων Δημητρίωι [[φε]]
[στελλομένο]υς αἵρεε πολλούς τε βελέων δη-
[μιοργού]ς, οὕσπερ Δημητρίωι λυομέ-
[νωι λύτ]ρων τῶν τεταγμένων ῾Ρ[ό]-
[διοι οὐκ ἀ]πεδίδοσαν, χρεΐζειν αὐτῶν
[φάσκοντες]· ὁ δὲ τῶνδε ἀπαμαρτ(ῶ)ν
[οὐδ᾿ αὐτό]ς σφισιν ἔφη λύσειν ἔτι, ἢν

---

1 Über σφιν 2 hellere Tilgungsstriche 2 ᾿Αμυ (H.) durchstrichen 4 Der Pap. hat]ν [[οργανα]] προστηνπολιορκι (καταπελταφετασενδεκα über der Zeile; οργανα durchstrichen) 5 φε nach Wilcken nur versehentlich nicht durchstrichen 6 lautet:] [[απολλα]]αιρεε[[και]] βελεωνδη (υσ und πολλουστε über der Zeile; [[ ]] ist immer durchstrichen) 7 lautet]. . σ[[τα]]περδημη etc. (]ους über der Zeile) 9 αυτων Pap. 10].ˇ. οδε usw. ˇ steht hell über der Zeile. H. απαμαρτον (nach Wilamowitz Schreibfehler statt -ων)

---

1 Bezieht sich auf die Diod. XX 93, 4 erzählte Geschichte, daß Damophilos, der aus Rhodos mit Schiffen zum Kapern ausgesandt war, unter anderem auch ein Schiff mit königlichen Kleidern nahm, dessen für einen König allein passende Prachtgewänder dem rhodischen Bundesgenossen Ptolemaios nach Ägypten geschickt wurden 3 Amyntas war ein ebensolcher Schiffsbefehlshaber (Diod. ebd. 5). Der Wortlaut berührt sich zum Teil ganz mit Diod. Der Florentinus des Diod. hat ebenfalls καταπελταφέται, während die Fischersche Ausgabe τεχνῖται τῶν ἀξιολόγων καὶ πρὸς βέλη καὶ καταπέλτας ἐμπειρίᾳ διαφέροντες ἕνδεκα liest 7 fg. Von dem Auslösungsversuch des D. sagt Diod. nichts

[ἕλῃ. μετὰ] δὲ ταῦτα Δημητρίου τὰ Ῥο-
[δίων τ]είχεα ὑπορύσσοντος ἐν-
[τός τε τ]ῶν τειχέων ἤδη ἐόντων
[τῶν κατ]ὰ γῆς ἐργα[ζ]ομένων, Ῥόδι-
[οί τε, μηνυσ]άντων αὐτομόλων τὸ
[γεινόμ]ενον τόν τε χῶρον τὸν
[ὑπορυ]σσόμενον ὑποδεξάντω(ν)
[διορύξα]ντες ἐς τωυτὸν τοῖ-
[σι Μακεδ]όνων μεταλλωρύχοισι(ν)
[ὑπηντί]ασαν οἵ τε ὑπόνομοι πα-
[ρὰ μικρὸ]ν ἐς τωυτὸν συνέμιξαν ἀλλήλοισι(ν).
[ἔργου δ' ἑ]κατέρων τοῦ σφετέρου φύλα-
24a [κας ἐπιστησά]ντων, ἀλλήλοισί τε τῶν φυλάκων
24 ἐς λόγους ἀπὸ τῶν προτειχισμάτ(ων) ἀπικνεομ(έν)ων,
προδοσίη

Col. II.

τις Δημητρίωι δόξασα [ἀσφαλὴς κάρτα]
μιν ἠπάτησεν. Ἀθηναγόρη[ς] γ[ά]ρ
τις Μιλήσιος ἀ[ποσταλεὶς ἐξ Αἰγύ]-
πτου Ῥο[δίοισι τὴν τοῦ τείχεος φυ]-
λακὴν ἔχω[ν, Δημητρίωι ἐπὶ]
χρήμασιν ὡμ[ο]λόγησεν [παρεσ]-
άξειν στρατὸν ἀντίπαλον ἐς τὸ ἄστυ· ὅρκια δὲ ἐ-
πὶ τοισίδε δούς τε καὶ λα[βών, εὐθὺς]

---

17 Zwischen]ενον (ο auf α) τον steht $\overline{\kappa\alpha\iota}$ getilgt **19** Der Pap. hat - - τωυτον $\overset{\tau}{[[\kappa\epsilon\iota\nu]]}$οι **22** ἐς τωυτόν übergeschrieben **23** κατερ$\overset{\omega\nu}{[[\sigma\iota]]}$του etc. **24a, 24**: 24a zwischen die Zeilen geschrieben **24** [[ισ-τησαντε]]εολ προδοσιη (π auf λ). Über εεο ein Tilgungsstrich. Unter den Kolumnen in der Mitte ἐς λογους ἀπο | των προτειχισμα | ἀπικνε|ομων —/. Der Haken mag die Zugehörigkeit des Textes zur linken Kolumne andeuten **31** αξειν: α ragt über die Zeilenanfänge vor. ἀντίπαλον übergeschrieben **32** τοισιδε H. Pap. zeigt δ auf ι geschrieben

---

12 fg. Berührt sich im Ausdruck gelegentlich mit Diod. XX 94. Kleine Verschiedenheiten finden sich jedoch auch **13** fg. σχεδὸν ἐντός εἰσι τοῦ τείχους Diod. **20** μεταλλωρύχος sonst nicht belegt, Diod. gebraucht μεταλλεύς zu Beginn des Kapitels **21** ὑπόνομος: Diod. benützt 94, 1 ὑπονομή

δὲ σημήνας τοῖσι ῾Ροδ[ίων ἄρχου]-
σι, νυκτὸς τῆς ἐπιγεινο[μένης] παλιμπροδοσίην ἐργά[ζεται·]
ἐσαγαγὼν γὰρ Rasur [᾽Αλέξαν]-
δρον ἄνδρα Μακεδόνα [τῶν ἀμ]-
φὶ Δημήτριον ἐόντων [τὰ ἔν]-
δον πρὸ τοῦ πεμφθῆ[ναι μετὰ]
στρατοῦ κατοψόμενον ῾Ρο[δίοισί]
μιν ἐνεχείρισεν. ῾Ρόδιο[ι δὲ τὸν]
μὲν ᾽Αθηναγόρην [ἐδωρήσαντο]
χ[ρυσ]έωι τε στεφ[άνωι καὶ ἀργυ]-
ρίου ταλάντοισι πέντ[ε, ἅμα τοισί]-
δε τοὺς ἄλλους ξέ[νους πρὸς]
τὰ ὅμοια ἐκκαλεόμε[νοι· τὸν δὲ]
᾽Αλέξανδρον κτείνειν μ[έλλοντες ἀ]-
πετράποντο κήρυκος [παρὰ Δημη]-
τρίου εἴσω κατὰ λύτρω[σιν] ἀπικομέν[ου - - - -]
— — — — — — — — — —

9. KRIEGSBERICHT AUS DEM III. SYRISCHEN KRIEG (246 v. CHR.).

Fundort Gurob (Faijûm). Schrift: 3. Jahrh. v. Chr. Kriegsbericht des Ptolemaios III. Erstveröffentlichung: Col. I—III (mit Faksimile) in P. Petrie II (Cunningham Memoirs IX) No. 45 S. [145] fg.; Col. IV

---

33 τοῖσι Pap. ι auf σ korrigiert, dahinter σι **34** Pap.
παλιμπροδοσιην εργα[αγαγων γαρ
σινυκτοστησεπιγεινο[**35** Pap. εσ⟦ηγαγε π⟧αρ Rasur **48** Pap.
καταλυτρω[
τριουεισωαπικομεν[

---

34 παλιμπροδοσίην: μ ist aus ν verbessert **40** ἐνεχείρισεν: Diod. συνέλαβον οἱ ῾Ρόδιοι **41** [ἐστεφάνωσαν], das zu ταλάντοισι nicht paßt, ist unrichtig ergänzt; man muß an ein allgemeineres Verbum, etwa an ἐδωρήσαντο, denken; andernfalls wäre man genötigt, hinter πέντε den Ausfall eines Verbums anzunehmen. Unser Autor entfernt sich also von dem Wortlaut des etwa zugrunde liegenden rhodischen Ehrenbeschlusses weiter als Diodor, der (c. 94) ἐστεφάνωσαν - - καὶ δωρεὰν ἔδωκαν ἀγυρίου etc. bietet. — ἐκκαλεῖσθαι (auch Diodor gebraucht es) findet sich in rhodischen Volksbeschlüssen, überhaupt auf Stein, nicht belegt

in P. Petrie III (ebd. XI) No. 144 S. 334 fg. K(öhler), Sitz.-Ber. preuß. Ak. 1894, 445 fg. Wilhelm, Zeit. f. d. österr. Gym. 1894, 910 fg. Wilcken, Die griech. Papyrusurkunden 1897, 52. Wilhelm, Jahresh. d. österr. arch. Inst. 1905, Beibl. 123. Besonders wichtig H(olleaux), Bull. Corr. Hell. 30 (1906), 330 fg. und W(ilcken), Chrestomathie No. 1. v. Wilamowitz, Hermes 49 (1914), 447 fg. Schubart, Einf. in die Papyrusk. 136 fg.

Vgl. ferner an historischer Literatur: Mahaffy, The Empire of the Ptolemies 197 f.; Th. Reinach, Rev. Et. Grecq. IX (1896), 341; Bauer, Rev. hist. 70 (1899), 127; Niese, Gesch. d. griech. u. mak. St. II 147 fg.; Bouché-Leclerq, Hist. des Lag. I 249 fg.; Bevan, The House of Seleucus I 185 f.; Bauer, Die Forsch. z. griech. Gesch. etc. 63; Cardinali, Riv. di filol. 31 (1903), 431 fg.; Beloch, Griech. Gesch. III 1, 697; III 2, 298.

Daß der Verfasser der König selbst sei, haben Mahaffy, Smyly, Holleaux, Wilhelm behauptet und neuerdings gegen Wilcken, der darin eine dienstliche Meldung des Nauarchen sieht (ähnlich Köhler), v. Wilamowitz und Schubart klargelegt. Wilamowitz hebt mit Recht hervor, daß εἰσέλθομεν εὐθέως πρὸς τὴν ἀδελφήν nur der König von seiner Schwester sagen kann (Wilcken sieht in ἀδελφή einen Titel), und daß der Empfang in Seleukeia und Antiochia durch die Beamten und die Bevölkerung nur dem König gegolten haben kann, zumal die Städte schon in den Händen der Ägypter waren.

Die zugrunde liegenden historischen Ereignisse sind folgende: Die kluge Politik des zweiten Ptolemäers hatte Antiochos Theos veranlaßt, seine schwesterliche Gemahlin Laodike, deren ältester Sohn Seleukos war, zu verstoßen und dafür die ägyptische Prinzessin (Schwester des Ptolemaios III.) Berenike zu heiraten, die ihm einen Sohn gebar. Bei seinem Tode bestimmte er nach Polyaen. VIII 50 Seleukos zum Nachfolger; ähnlich Justin. 27, 1. Die andere Überlieferung (Hieron. in Daniel XI 5, 6; Plin. NH. VII 53 (12); Valerius Max. IX 14 ext. 1) läßt (so Hieron.) nach einer Reihe von Jahren Antiochos Reue empfinden und sich seiner in Asien weilenden alten Gemahlin wieder annehmen. Diese aber läßt ihn vergiften (vgl. auch Phylarchos bei Athen. 593 b; ferner Appian Syr. 65) und verdeckt nach manchen Autoren durch einen dem Toten sehr ähnlichen Mann, Artemo, das Verbrechen, indem dieser sich als den kranken König ausgibt und Seleukos dem Volke als Nachfolger empfiehlt. Laodike ließ zuerst das Kind der Berenike durch Eikadion und Kaineus (Valer. Max. IX 10 ext. 1) umbringen. Berenike wandte sich an das Volk um Hilfe (ging vielleicht sogar gegen die Mörder selbst vor). Die Mörder schieben einen dem Getöteten ähnlichen Knaben unter (vgl. das Motiv oben!), B. läßt sich, offenbar in der Hoffnung, ihr Kind sei noch am Leben, mit den Mördern auf einen Vertrag ein und wird dabei hinterlistig getötet. Zum dritten Male wird von den Dienerinnen eine der Toten ähnliche Königin untergeschoben. Die zu B. haltenden Antiochener glaubten dies, bis der Bruder Ptolemaios ankam, dem in ihrem Namen kampflos die Provinzen vom Tauros bis Indien zufielen. Die Fiktion von der noch lebenden Berenike wird auch in unserem kgl. Bericht aufrecht erhalten. Ihr Tod nach der Ankunft des Bruders wäre natürlich undenkbar. Der Anlaß zu dem Vertrag mit B. war nach Justin l. c., daß sie in ihrer festen Burg Daphne den Mörderhänden nicht erreichbar war. Über die Erfolge des Ptol. III vgl. auch die Inschrift von Adulis (Dittenberger, Or. Gr. I 54), über den Feldzug Polyb. V 58. Der Krieg, in den uns der Papyrus hineinführt, heißt der Λαοδίκειος πόλεμος schon im Altertum (vgl. Hiller v. Gaertringen, Inschriften von Priene 37, 134). Hinsichtlich des Schauplatzes, den man sowohl für den ganzen Papyrus in Syrien als auch in Kilikien gesucht hat, da die erwähnten Orte in beiden Ländern vorkommen, schließe ich mich der Anschauung Wilckens u. a. an, daß derselbe anfänglich in Kilikien, später in Syrien zu suchen sei.

Col. I.

ἐ]πὶ τὰ τείχη [. . . .]νεσθαι
]. ἑτέρους καταβιάσας παρε-
]αι κατέστ[η]σεν ἐπὶ τῶν
ἀποσ]τείλας τινὰ πρὸς τὸν
περὶ τῶν γεγε]νημέν[ω]ṿ ἐμφανίσας
τοὺ]ς στρατιώτας προσαγόντων
τῆς . φυλ]ακῆς εἰς ὃν συνέθ(ε)ντο καιρὸν
]ους ἐπὶ τῆς ἄκρας καὶ περὶ τῶν
]. Εὔμαχον καὶ Ἀριστέαν ἐπι
]ọ[. . . .] . λαι προυπαρχον [
ἐπ]ιθεμένους ἐπεὶ καιρὸν
τρόπ]ον τόνδε συνέλαβον
] παρὰ τοῦ Ἀνδρίσκου πεμ-
]εν ἅπαντας ἐν τοῖς ἐπιτη-
[δείοις . . . . τ]ῶν δ' ἐκ τῆς ἄκρας ὑποτιθε-
[μένων . . . . κ]αὶ δεηθέντων μηθὲν παρα-
[. . . . . μηδ' ἐνα]ντίον ἔφησεν ἔσεσθαι φανερὰν
[αὐτοῖς εἰς τὸ λοιπὸν τ]ὴṿ τε παρ' ἡμῶν καὶ τὴν παρὰ
[. . . . .]ίαν, μετὰ δὲ ταῦτα δεξιὰν
[δοὺς αὐτοῖς καὶ καταστ]ήσας Ἐπιγένην ἐπὶ τῆς
[ἄκρας καὶ παραδοὺς αὐτῷ] τὴν πόλιν ἅμα τῆι ἡμέραι
]ντων ἐπιστείλας ὑπῆγεν

Col. I **4** πρός: π auf σ; Mah. τινάς **7** τῆς, dahinter Zahl W. — P. συνέθοντο. Es ist von nächtlichem Angriff auf eine Burg die Rede, der Ort ist in dem Erhaltenen nicht genannt **11** ἐπ]ιθεμένους erg. W. **12** Erg. B(ilabel) **16** Erg. W. **17** Das zweite σ von ἔσεσθαι ist übergeschrieben **18** Die Ergänzung scheint zu klein **19** [τῆς ἀδελφῆς φιλανθρωπ]ίαν Mah.-Smyly **20** Ergänzung wohl etwas zu klein **22** ἐπιστείλας: das zweite ι übergeschrieben. — ὑπῆγεν: υ übergeschrieben über ein wohl zu tilgendes η

Κα]τὰ δὲ τοὺς αὐτοὺς καιροὺς καὶ παρα-[πλέει . . . .]ε σκάφη τῆς ἀδελφῆς πρὸς αὐτοὺς

Es sind in den Apparat nur die wichtigen Ergänzungsvorschläge etc. aufgenommen. Wo ich in Kleinigkeiten von W. abwich, war das Faksimile maßgebend (nur für Col. I—III vorhanden).

Col. II.

διαπεμψαμένης ἐκ[. . . . .]ν προθύμως καὶ τὴν λοιπὴν χρεία[ν παρέχουσι] καὶ παραπλεύσαντες εἰς ⟨Σ⟩όλους τοὺς [Κιλικίο]υς ἀ[ν]έλαβον τὰ ἐκεῖσε κατασ⟨χ⟩εθέντ[α χρή]ματα καὶ παρεκόμισαν εἰς Σελεύκειαν, ὄντα ἀφ [ἀργ(υρίου)] (τάλαντα)· [διε]νοεῖτο μὲν Ἀρίβαζος ὁ ἐν Κιλι⟨κί⟩αι στρατηγὸ[ς ταῦτ'] ἀποστέλλειν εἰς Ἔφεσον τοῖς περὶ τ⟨ὴ⟩ν Λαοδίκην, συνφωνησάντων δὲ πρὸς αὐτοὺς τῶν τε Σολείων καὶ στρατ[ιωτῶν] τῶν αὐτόθεν καὶ μετὰ β[ίας] ἐπιβοηθησάντ[ων τ]ῶν

ορ (sic)

περὶ τὸν Πυθαγόρα[ν] καὶ Ἀριστοκλέα ὑπερο. θρων

---

23 Die ersten Herausgeber και παρα. H. [Πυθαγό]ρας |[καὶ Ἀριστοκλῆς] nach Col. II 10. W. Πυθαγόρας. Abgesehen davon, daß nur 4—5 Buchstaben vor ρα fehlen, ist der erste Buchstabe sicher nicht Π, sondern K, und vor ρα ist α so gut wie sicher **24** Erg. B.; [πέντ]ε σκ. K., H.; W. will vor ε ein ι sehen, das Faks. zeigt nichts. ιε = 15 ohne Zahlstrich ist sehr fraglich

Erklärungen: Col. I **24** ἀδελφή ist Berenike, vgl. IV 21

Col. II **1** εἰ[ς τὸ στρατεύειν] K., ἐκ[πλεῖν ὥρμησα]ν H.; κ ist in der Tat sehr wahrscheinlich; die Ergänzung von H. aber wohl zu lang **2** παρέχεσθαι K., W.; παρασχόμενοι H. **3** Pap. εἰσολους. Mah.-Smy. emendierten εἰ⟨ς⟩ Σόλους, zustimmend W., dessen Schüler Braunstein [Κιλικίο]υς vorschlug; für die Form Beispiele bei W. H. εἰς ὅλους τοὺς [τόπο]υς. Letzteres von K. **4** Pap. κατασκεθέντ[α; über σ ein υ (nicht χ H.), das aber wohl nur ein Abdruck oder Rest einer älteren Benützung des Pap. ist **5** W. [ἃ διε]νοιεῖτο — στρατ[ηγὸς] ἀποστέλλειν. Ich folge H. Für ταῦτ' ist Platz, zumal in 6 die Spuren von στρατηγό[ς erkennbar sind **7** Pap. τον **8** Σολείων sehe ich mit W. für sicher an. Σελ(ευκ)είων Wilhelm, H. στρατ[ιωτῶν] W., der davor ⟨τῶν⟩ ergänzt **10** L. ὑπορθρ⟨ί⟩ων. Ἀριστοκλ[έα] συγγ . λ . ? οθρων Mahaffy; -κλῆ . υ .⟦. .⟧. . θρων W.

Erklärungen: Col. II **5** Seleukeia nördlich der Orontesmündung; vgl. Chapot in Mémoires de la Société nat. des antiquaires de France 1906 (66) S. 149 ff. **6** στρατηγός Titel des Satrapen vgl. Beloch l. c. III 2, 298

καὶ γενομένων ἀνδρῶν ἀγαθῶν ἁπάντων, συνέβη ταῦτά τε κατασχεθῆναι καὶ τὴν πόλιν καὶ τὴν ἄκραν καθ' ἡμᾶς γενέσθαι . . Τοῦ Ἀριβάζου δὲ ἐκπεπεδηκότος καὶ πρὸς τὴν ὑπερβολὴν τοῦ Ταύρου συνάπτοντος, τῶν ἐνχωρίων τινὲς τὴν [κε]φ̣[αλὴν] ἀποτεμόντες ἀν[ήνε]γκεν εἰς Ἀντι̣όχεια[ν. Ἡμεῖς δὲ] ἐπεὶ τὰ κατὰ τὰς ν[αῦς .]τ̣ . . . νάμεθα, πρώτης φυλακῆς ἀρχομένης ἐ[μ]βάντες εἰς τοσαύτας ὅσας ἤμελλον ὁ ἐν Σελευκεί[αι λ]ιμὴν δέξασθαι, παρεπλεύσαμεν εἰς φρούριον τὸ καλούμενον [Π]οσίδεον καὶ καθωρμίσθημεν ἡμέρας περὶ ὀγδόη̣ν [ὥ]ραν. Ἐντεῦθεν δὲ ἑωθινῆς ἀναχθέντες παραγενόμεθα εἰς τὴν Σελεύκειαν. Τῶν δὲ ἱερείων καὶ ἀρ[χόντ]ων καὶ τ̣[ῶ]ν ἄλλων πολιτῶν καὶ τῶν ἡγεμόνων καὶ τῶν στρατιωτῶν στεφανηφορησάντων καὶ τὴν ἐπὶ τὸ̣ν λιμένα συναντησάν-

Col. III.

[των ὁδὸν . . . . πρὸς ἡμ]ᾶς εὐνοίας καὶ
ἐπεὶ δ]ὲ εἰς τὴν πόλιν
[εἰσῆιμεν τὰ παραστα]θέντα θύματα
βω]μοῖς τοῖς ὑπ' αὐτῶν
κατασ[κευασθεῖσι]ς καὶ τὰς τιμὰς ἐν τῶι ἐμπορίωι
ἀνήγ[γελλον οἱ τ]αύτην μὲν τὴν ἡμέ-

---

12 κατασχεθῆναι: χ über κ **13** Hinter γενέσθαι scheint ein Buchstabe (ν ?) zu stehen, falls nicht ein bedeutungsloser Abdruck vorliegt **14** l. -πηδηκότος **16** l. ἀν[ήνε]γκαν **17** ε̣τ̣ . . . νάμεθα W. **19** l. ἤμελλεν **20** καθωρμίσθημεν: ω über ο **21** ἡμε⟦τε⟧ρας Pap. **23** ἱερείων = ἱερέων. Letzteres W.

Erklärungen: **16** Antiocheia am Orontes, das, ebenso wie Seleukeia, offenbar schon ägyptisch ist. Von wo aus im Folgenden die Flotte ausfährt, ist nicht sicher, möglich ist (Köhler) Cypern **20** Posideon: südlich der Orontesmündung; vgl. Strabo C 751. 753

Col. III **1. 2** H.: [των ὁδόν, οὐδεμία τῆς πρὸς ἡμ]ᾶς εὐνοίας καὶ | [φιλίας ὑπερβολὴ ἀπελείπετο· ἐπεὶ δ]ὲ. Die beiden letzten Worte sind möglich **3. 4** H.: [εἰσῆιμεν, ἠξίουν ἡμᾶς τὰ παραστα]θέντα θύματα | [οἱ ἰδιῶται θῦσαι ἐπὶ τοῖς βωμ]οῖς. Die Wortstellung ist, wie W. mit Recht hervorhebt, unmöglich. αὐ̣τῶν: Pap. ων über οις **5** τὰς und τῶι ἐμ ist übergeschrieben **6** H. ἀνήγ[γελλον οἱ ἱεροκήρυκες]; W. ἀνήγ[αγον ἡμᾶς εἰς τὴν ἄκραν?]. τήν ist übergeschrieben

[[τε]]ραν[ἐν τῆι πόλει κατηυλίσθημε]ν, τῆι δὲ ἑτέραι
. . ρ̣η[ ] ὡς ἐνδέχεται
μάλισ[τα]ες ἐν αἷς ὑπεδε-
ξάμε[θα πάντ]ας τοὺς με-
θ' ἡμῶ[ν πλεύσαντας καὶ τοὺς αὐτ]όθεν σατράπας
καὶ στ[ρατηγοὺς καὶ τοὺς ἄλλους] ἡγεμόνας ὅσοι οὐκ ἦ[σ]α̣ν̣
τε̣[ταγμένοι κατ]ὰ τὴν πόλιν καὶ τὴν
[ἄκραν φρο]υρᾶς ἐάσαντ[ες]
[ἦ]σαν γὰρ θαυμαστοὶ
[ ]. νται με̣τ̣[ὰ τ]α̣ῦτα εἰς Ἀντιόχειαν
[ ] τοιαύτην τὴν παρασκευὴν καὶ τῶν
[εὕ]ρ̣ο̣μεν ὥστε καταπλήττεσθαι
[ἡμᾶς. Ἀπήντησα]ν̣ γὰρ ἡμῖν ἐκτὸς τῆς πύλης
οἱ[ἐν τῆι πόλει ὄντες] σ̣ατράπαι καὶ οἱ ἄλλοι ἡγε-
μόν[ες καὶ ⟨οἱ⟩ στρατιῶ]ται καὶ οἱ ἱερεῖς καὶ αἱ συναρχίαι
καὶ [πάντες οἱ ἀπ]ὸ τοῦ γυμνασίου νεανίσκοι καὶ ἄλλος
ὄχλ[ος ἐστε]φανωμένος καὶ τὰ ἱερὰ πάντα εἰς τὴ̣[ν]
πρὸ [τῆς πύλης] ὁδὸν ἐξήνεγκαν, καὶ οἱ μὲν ἐδεξιοῦ[ντ]ο
οἱ δ̣ὲ [. . . . .] μετὰ κρότου καὶ κραυγῆς

Col. IV.

Es fehlen 12 Zeilen.

[. . . . .] παρ' ἑκάστην οἰκία[ν]
[. . . . .]. ους ποιούμενοι διετέλεσα[ν]
[. . . . .] πολλῶν ἡμῖν ὄντων τῶν

---

7 Erg. H. ἑτέραι: erstes ε über η geschrieben **8** Anfang: ρ, von W. bezweifelt, ist ziemlich deutlich. H.s Ergänzung [ἐχ]ρ̣η[σάμεθα τοῖς παροῦσιν oder πράγμασιν also möglich **9** [καὶ εἰς τὰς ναῦς ἐμβάντ]ες B. **10** [πάν]τας: α über ε **11** Erg. W. H. [ν ἀγωνισαμένους αὐτ]όθεν. σατράπας über στρατιώτας **12** W. ἦ[σ]αν **14** H. ἐάσαντ[ες δὲ] **17** [παρεγενόμεθα. κἀκεῖ] H. **18** [ὄχλων τοσοῦτον πλῆθος εἴδο]μεν H.; W. [εὕ]ρ̣ο̣μεν. καταπλήττεσθαι: das dritte τ übergeschr. **20** Erg. B. **21** Smyly, H. [οἱ]; W. [⟨οἱ⟩] **23** In der Lücke fehlen etwa 6 Buchst. W. ὄχλ[ος ἐστεφ]. **25** [. . . . . . ἡμᾶς] W. H. [ἠσπάζοντο ἡμᾶς?], wofür der Raum keinesfalls reicht

Erklärungen: **18** καταπλήττεσθαι „erstaunen“, vgl. Polyb. II 8, 4; X 19, 4 u. a.

Col. IV. Rechts fehlt, wie Wilhelm und H. (gegen die ersten Herausgeber) erkannten, jeweils nur wenig **14** διετέλεσα[ν] W.; διετελέσα[μεν] Mah.-Smy.

[. . . . .]. οὐθενὶ οὕτως ἡδόμεθα ὡ[ς]
[ἐπὶ τῆι] τ̣[ού]των ἐκτενείαι. Ἐπεὶ δ' οὖν ⟦α̣ι̣⟧ π̣ά[ντα τὰ]
παρασταθέντα θύματα παρά τε τ[ῶν] ἡ̣με[τέρων]
κα⟨ὶ⟩ τῶν ἰδιωτῶν κατεσπείσαμεν, ἤδη
ἡλίου περὶ καταφορὰν ὄντος εἰσέλθομεν εὐθέω[ς]
πρὸς τὴν ἀδελφὴν καὶ μετὰ ταῦτα πρὸς τῶ[ι]
π̣ράσσειν τι τῶν χρησίμων ἐγινόμεθα, τοῖς [τε]
ἡγεμόσιν καὶ τοῖς στρατιώταις καὶ τοῖς ἄλλοις [τοῖς]
κατὰ τὴν χώραν χρηματίζοντες καὶ περὶ [τῶν ὅ]-
λ̣ων βουλ⟨ευ⟩όμενοι. Πρὸς τούτοις δὲ ἡ̣μέρας τιν[ὰς]
— — — — — — — — — — — — — —

10. SOSYLOS, TATEN HANNIBALS (SEESCHLACHT VON 217 v. CHR.).

Sosylos, der Kriegsgenosse und Lehrer Hannibals, beschrieb die Taten seines Freundes und Schülers in 7 Büchern (vgl. Diod. XXVI 4: Σωσύλος δὲ ὁ Ἴλιος τὰ περὶ Ἀννίβαν ἔγραψεν ἐν βιβλίοις ἑπτά; dazu Corn. Nep. Hann. 13, der ihn einen Lakedaimonier nennt.

Fragmente waren nicht bekannt, bis Wilcken (Hermes 41, 1906, S. 103 fg.) ein Bruchstück von ihm auf einem Würzburger Papyrus entdeckte. Erhalten sind Reste von 4 Kolumnen auf dem Rekto (Schrift um 100 v. Chr.), während das Verso die Aufschrift Σωσύλου τῶν περὶ Ἀννίβου πράξεων δ̄ trägt, so daß wir in der glücklichen Lage sind, Autor und Buch mit Sicherheit zu benennen. Daß vor unserer 1. Kol. nur etwa eine weitere fehlt, schließt Wilcken mit Recht aus der Titelangabe auf dem Verso. Ebenso führt ein Schluß aus den stichometrischen Angaben (Wilcken, Hermes 42 (1907) S. 511), die in Gestalt von Punkten von 10 zu 10 Zeilen vor dieselben gesetzt sind, auf nur eine verlorene Kolumne zu 34 Zeilen (wie Col. I). Aufmerksam gemacht hat auf die Stichometrie zuerst Seymour de Ricci Revue Celtique 27 (1906), 129 fg. Zum Sosylos haben weiter beigesteuert: K. Fuhr, BphW 1906 Sp. 154 mit der hübschen Ergänzung von III 33—IV 4, die dann von Wilcken

16 ὡ[ς] Wilhelm; ὥ[σπερ] H. **17** [ἐπὶ τῆι] H.; πά[ντα τὰ] erg. H.; α über π **18** Erg. W.; παρατετρ[.]ημε Mah.-Smy.; παρατετ[ηρ]ήμε[θα] Seymour de Ricci bei H., welcher [μετὰ δέ]|κα fortfährt **19** κα⟨ὶ⟩ Wilh. τῶν: ω über ο. ἰδιωτῶν: ιωτῶν über α. των Am Schluß ἤδη [δὲ] H. **24** τῶν ὅ]- Wilhelm **25** βουλ⟨ευ⟩όμενοι Wilhelm

Erklärungen: **24** χρηματίζειν „Audienz erteilen" **25** Wie v. Wilamowitz l. c. 449 richtig hervorhebt, hat auch Ptolemaios in seinem Bericht an der Vorstellung festgehalten, daß Berenike noch am Leben sei, um in ihrem Namen ihr Reich in Besitz nehmen zu können, und der Erfolg (s. o.) gab ihm recht. Die Entdeckung führte zum Umschwung, Ptolemaios mußte die „Eroberungen" preisgeben. Seine Partei schob der Laodike einen ähnlichen Betrug unter.

Hermes 42 l. c. bestätigt wurde. Eine sachliche Kritik hat F. Rühl, Rhein. Mus. N. F. 61 (1906) 352 fg. gegeben.

Die im Zusammenhang erhaltenen Kolumnen II und III berichten uns ausführlich über die Seeschlacht, welche 217 v. Chr. zwischen den Karthagern einer-, den Römern und ihren Verbündeten, den Massalioten, andererseits stattgefunden und dank der Seetüchtigkeit der letzteren mit einem römischen Siege geendet hat. Vgl. den Bericht des Polyb. III 95 fg.; Livius XXII 19 fg.

Der Papyrus ist aus 40 Fetzchen zusammengesetzt (23 × 12 cm) und zeigt oberhalb und unterhalb der Kolumnen den freien Rand. Das Original ist von mir nachverglichen worden; es wurden nicht nur die Klammern und Punkte danach gesetzt, sondern an wenigen Stellen auch neue Lesungen erzielt.

Rekto:

Col. I	Col. II
]μεν	συνηνάγκασα̣[ν ἐκ τοῦ γε]-
]. ε . . επι:	·νομένου. Πᾶσαι μὲν δ[ι]-
]τελέως η	αφόρως ἠγωνίσαντο,
]λαν ὑπο	πολὺ δὲ μάλισθ' αἱ τῶν
[. . . . .]. των οἱ	Μασσαλιητῶν, ἤρξαν-
[·. . . . .]. τες αὐ-	τό τε γὰρ πρῶται καὶ:
[τ . . . .]ν εἶναι νο-	τῆς ὅλης εὐημερίας α[ἴ]-
[μίσαντες? . . . .]ηνασαν	τ[ι]α̣ι κατέστησαν Ῥ[ω]-
[τοῖς ἀντιπρώ]ροις(·) ναυμα-	μ̣[α]ίοις καὶ τὸ σύνολον
[χοῦντες δ' οὐ]δὲν ἄξι-	ο[ἱ π]ροεστῶτες αὐτῶν
[ον ποιοῦσι τῆ]ς πατρίδος	παρακαλοῦντες τοὺς
[τῶν τε ὑπὸ τῶν] προγόνων	·μ[ὲ]ν λοιποὺς εὐθαρσε-

Col. I Es kann kein Zweifel sein, daß diese Col. uns schon mitten in die Seeschlacht hineinführt. Die Zurückweichenden Z. 24 können nur die Karthager sein. Die Schilderung der Schlacht ist bei Liv. XXII 19 und Polyb. III 95 fg. sehr flüchtig, die wichtige Rolle der Massalioten insbesondere ist nirgends so wie bei S. hervorgehoben. **9** [ἀντιπρώ]ροις erg. Fuhr BphW. 1906 Sp. 154 **10** [οὐ]δὲν ἄξι[ον]: ders. ebd.; Rest hier und in den folgenden Zeilen von mir erg. (Daß das nur ein Versuch sein soll, ist klar.) Eine Kritik an dem Verhalten der Karthager von seiten des Hannibalfreundes S. ist sehr gut möglich;

Col. II **1/2** W. συνηναγκασ[. . . . . .]|νόμενοι. υ von νομενου steht deutlich da. Das Subjekt Z. 1 sind die Römer und ihre Bundesgenossen. Livius und Polybios kennen lediglich massiliensische Kundschafterschiffe vor der Schlacht, wie überhaupt die Schilderung derselben bei Liv. sehr kurz ist. Er berichtet zwar vom Römer derexerat . . . in pugnam naves, aber die Punier haben temptata verius pugna quam inita die Flucht ergriffen. Polyb. III 96 hingegen erzählt wenigstens συμβαλόντες δὲ τοῖς πολεμίοις βραχὺν μέν τινα χρόνον ἀντεποιήσαντο (die Karthager) τῆς νίκης, μετ' οὐ πολὺ δὲ πρὸς τὸ κλίνειν ὥρμησαν

Col. I

[ἐνδοξότατα] πραττομέ-
[νων. Ἀποβάλ]λουσι μὲν
[πρῶτον δύο τ]ῶν νεῶν
[· καὶ εἰς ἑσπέρ?]αν ἀπολλ-
[υνται τέσσαρ]ες. Ον. .[. .]
]μου πρὸς
[δ' οἱ ἡγεμόν]ες αὐτάν-
[δροι ἀπέδ]ραν. Ἡγε-
[μονίας δὲ π]αραλυθεί-
[σης ἔφυγο]ν ἐπὶ πο-
[ταμόν. Ἐ]κ τῶνδε
]δως ἀνεχώ-
[ρουν εἰς τ]ὸν ἔσχατον
[· ἐλθόντε?]ς κίνδυνον
]α̣ν δὲ κ̣αὶ τὸ
τοὺ]ς Μασ[σ]αλι-
[ώτας . . . .]ς̣. Τὰς δὲ
]ο̣ς ἐπὶ:
]μετ' αὐτοῦ

Col. II

[στέ]ρους ἐποίουν, αὐτοὶ
δ̣[ὲ τ]αῖς ψυχαῖς πολὺ πα-
[ρα]λλάττοντες ἐπέκειν-
[το] τοῖς πολεμίοις. Δι: -
[πλα]σίως δ' ἤλλατ[τοῦ]-
[το] τὰ τῶν Καρχηδ[ο]νί-
[ων] διὰ τὸ τοὺς Μασσα-
λ[ι]ήτας νοῆσαι τὸ κα-
τ̣[ὰ] τ̣ὴμ μάχην ἴδιον ⟨. . .⟩
· ὑπ̣ά̣ρχ̣ον· συμβαίνει
γὰ[ρ] τοὺς Φοίνικας ἐ[ὰ]ν
ἀντιπρώροις τισὶν
ἀντιταχθῶσιν, ἐπιφέ-
ρεσθαι μὲν ὡς ποιησο-
μένους ἐμβολήν, οὐκ ἐμ-
[βά]λ⟨λ⟩ειν ⟨δ'⟩ εὐθύς, ἀλλὰ δι-
εκπλεύσαντας ἐπιστρέ-
φειν καὶ πλαγίαις οὔ-
σαις ἀκμὴν ταῖς τῶν

(Col. I) die πρόγονοι könnten dann auch die Phöniker sein **15** Für die Ergänzung s. Liv. XXII 19, 12: duae tamen primo concursu captae erant Punicae naves und Polyb. πλὴν δύο μὲν αὐτάνδρους νῆας ἀποβαλόντες τεττάρων δὲ τοὺς **16/7** ἀπολα W. Ein ἀπολα[μβάνουσι] o. ä. würde wegen des Subjektwechsels Schwierigkeiten machen. Die rechte Hasta des ersten Λ ist ein klein wenig in das zweite Λ hineingezogen, was W. zu der Lesung Α veranlaßte. Liv. l. c. quattuor (sc. naves) suppressae **19/20** αὐτάν[δρους διέφθειρ]αν W. ρ vor αν ist deutlich erkennbar. Schwierigkeiten macht der Wilckenschen Deutung vor allem der Subjektswechsel, da im folgenden offenbar wieder die Karthager Subjekt sind. Auch muß vorher von den Führern gesprochen sein, da sonst 20/21 in der Luft schwebt. Das gibt die vorgeschlagene Ergänzung an die Hand: offenbar ist das Führerschiff mitsamt seiner Bemannung zuerst ausgerissen oder auch von den anderen abgekommen. Zu ἡγεμονίας ist der Artikel nicht erforderlich, vgl. Thukyd. IV 91 καὶ ἡγεμονίας οὔσης αὐτοῦ **22** Daß sie nach der Flußmündung hin flohen, berichten Liv. und Polyb.; der Artikel ist bei ἐπὶ πο[ταμόν] „flußwärts" entbehrlich **25/6** Ergänzt von W.; ς̣ in 26 von mir gel. **28/9** Erg. von W.

Col. II **21** Hinter ἴδιον hat der Pap. nichts **28** Zu εὐθύς vgl. F. Rühl, Rhein. Mus. N. F. 61 (1906), 358 **29** Über den διέκπλους und seine Geschichte s. Wilcken, Hermes 41, 112 fg.

Col. I

]. αν τόπων
]εω.[.]πλη
]αι

Col. II

32 ·ἐ[ν]αντίων ναυσὶν ἐπι[ρ]-
[ρ]ά̣ττειν πολυ[. . . .] ευ-

Col. III

[— — — — — — —].
[. . . . . .].[. . . Ο]ἰ̣
[Μα]σσαλιῶται προιστο-
[ρη]κότες τὴν συμβο-
[λή]ν, ἣν ἐπ' Ἀρτεμισίωι
[φα]σὶν Ἡρακλείδην ποι-
[ήσ]ασθαι τὸμ Μυλασσέ-
[α μ]ὲν τῶι γένει, διαφέ-
[· ρον]τα δ' ἀγχινοίαι τῶγ
καθ' αὑτὸν ἀνδρῶν, πα-
ρ̣ήγγειλαν ἀντιτάξαν-
τες μετωπηδὸν τὰς
πρώτα̣ς ἑτέρας αὐταῖς

Col. IV

ων ἐπι̣πλ[εόντων κατὰ]
τὸν δεδη[λωμένον τρό]-
πον ἐπὶ τὰ[ς τριήρεις? οἱ]
μὲν συνη̣[γωνίσαντο?
ημερι[
·οιστ̣ .[
κευα̣[
αμε [
[— — — — — — —]
[— — — — — — —]
[— — — — — στρατη?]-
γοὺς [
δὲ τῶν[

Col. I **33** ε von mir gel. **34** ist wohl ein von II 1 abhängiger Inf. Aor. zu ergänzen

Col. II **33** Diese Col. hat nur 33 Zeilen, vgl. W., Herm. 42, 511

Col. III **1/2** Vgl. Hermes 42, 511 **5/6** W. hatte Hermes 41, 119 erklärt, daß die von Sosylos erzählte Seeschlacht mit der vom Jahre 480 bei Artemision gelieferten identisch, und daß Herakleides von Mylasa mit dem bei Herodot V 121 erwähnten Sohne des Ibanollis gleichzusetzen sei, der zur Zeit des ionischen Aufstandes bei der Erhebung Kariens eine Rolle gespielt hat. Gutschmid, Kleine Schriften IV 139 fg. hatte von ihm gezeigt, daß er identisch ist mit Herakleides, dem König von Mylasa, über den nach Suidas Skylax von Karyanda eine eigene Schrift verfaßt hatte, aus der Sosylos geschöpft haben wird. Daß das von S. Berichtete mit Herodot schlechterdings unvereinbar ist, hat Wilcken selbst hervorgehoben. Mit Recht, wie mir scheint, hat F. Rühl, Rhein. Mus. N. F. 61, 352 fg. die Unmöglichkeiten der obigen Auffassung betont. Meines Erachtens kann man sich auch nicht mit der Annahme starker Übertreibungen seitens der karischen Lokalquelle (so W. Hermes 42 S. 512) helfen, wo man einfache Fälschung aller Tatsachen annehmen müßte. So billige ich Rühls Ansicht (S. 357), daß es sich um Kämpfe handeln wird, die Herakleides in Kleinasien ausgefochten hat. Mithin wird dort, etwa beim karischen Artemision (Strab. C 651), eine Seeschlacht stattgefunden haben. Zu W.s Ansicht neigt Lenschau, Jahresber. über die Fortschr. d. klass. Alt. 180, 116

Col. IV **1** Zur Ergänzung Fuhr l. c. und W. l. c. **3** τριήρεις von mir erg. **7** α̣ von mir gel. **11** Erg. von mir **12** ς von mir gel.

Col. III

ἐφέδρους ἀπολείπειν
ἐν διαστήμασιν εὐμέ-
τροις, αἵτινες ἅμα τῶι
παραλλάξαι τὰς προ-
τεταγμέ[ν]ας εὐκαίρως
· ἐπιθήσονται παραβα⟨λ⟩-
λούσαις ἔτι ταῖς τῶν
ἐναντίων, αὐταὶ μεμενη-
κυῖαι κατὰ τὴν προκει-
μένην τάξιν. Ὅπερ
ἐποίησε κἀκεῖνο⟨ς⟩ ἐπὶ
τῶν ἔμπροσθεν καιρῶν
καὶ κατέστη τῆς νίκης
αἴτιος. Τότε δ' ὥσπερ
εἰρήκαμεν οἱ Μασσα-
· λιῶται μνήμη προγε-
νεστέρων [κ]αὶ κατωρ-
θωμένω[ν] π̣[ράξε]ων
ἐπακολου[θοῦντε]ς
καὶ τῶ[ν Καρχηδον]ί̣-

Col. IV

ων κα̣[οἱ Καρ]-
χηδόν[ιοι πρὸς τὸ φεύ-
· γειν ὥρ[μησαν —]
δὲ Ῥω[μαι
κησ[
ειλη[
ἀξι .[
γουμ[εν
γὰρ γ[
ἀπολ[
μετα[
κωπα[
· ωσαμ[εν
Καρχ[ηδονι
χέ[ρσ?
αφ[
τη[
τοι[
τω[
μεμ[

Verso (2. H.):

Σωσύλου τῶν
περὶ Ἀννίβου
πράξεων δ̄.

Col. III **21** [με]$\overset{\mu\epsilon}{\nu\eta}$ etc. W. **33** Ergänzung von Fuhr BphW. 1906, 154; bestätigt von W. in Hermes 42, 411

Col. IV **16** Erg. W. **21** γουμ W.

Verso: W. Hermes 41, 117 ergänzt zum Titel βιβλίων und meint, daß nur ein „Vermerk des Besitzers der Rolle", nicht der Originaltitel vorhanden sei, welch letzterer Ἀννίβου πράξεις gelautet habe. Über die Konsequenzen aus dem Titel hinsichtlich der Rollenlänge s. o. Die Einwände Rühls l. c. 358: „der Zusatz des Artikels ist zwar nicht gewöhnlich, aber auch nicht ganz selten", sind nicht stichhaltig. Niemand wird als Titel αἱ περὶ Ἀννίβου πράξεις annehmen. Möglich wäre nur αἱ Ἀννίβου πράξεις. Die angeführten Parallelen sind alle keine richtigen Analoga; vgl. z. B. Harpokration s. v. Ἀριστίων: Μαρσύας ἐν ε' τῶν περὶ Ἀλέξανδρον, wo der Titel eben τὰ περὶ Ἀλέξανδρον gelautet hat. Es bleibt demnach als Titel: Ἀννίβου πράξεις.

11. MANETHONEPITOME.

Unveröffentlichtes (eine ausführlichere Besprechung des Textes und Begründung der hier vorgetragenen Darstellung unter Zugabe eines Lichtbildes wird im 3. Heft der Veröffentlichungen a. d. badischen Papyrus-Sammlungen erfolgen), von mir 1914 in Qarâra (gegenüber Maghagha) bei einer späten Häuserruine ausgegrabenes Fragment. Breite ca. 11,2 cm; Höhe ca. 11,5 cm. Der literarische Text ist auf Verso (gegen die Fasern) geschrieben, das Rekto ist zweimal von verschiedener Hand (ein Text ist gestrichen und der zweite zwischen die Zeilen des ersten gesetzt), in umgekehrter Richtung zum Manethontexte und gegen die Fasern, parallel zur Blattklebung, beschrieben. Schrift des M.: 5. Jahrh. n. Chr. in etwas ungewandter Buchschrift. Oben freier Rand; der Text zeigt, daß verlorene Kolumnen vorausgingen.

]ων βασιλείας . .
]ἐβασίλευσεν ἔτει δ̣ ἔτη: ϛϲ̣
[οἱ Μά]γοι[.] μῆ(νας) ζϲ ἐβασίλε̣[υ]σ̣[αν
[Δαρεῖο]ς Ὑστά⟨σπ⟩ου: ἐβασίλευσ̣εν ἔτη: λ[ς]
[Ξέρξ]ης ὁ Μέγας: ἐβασί[λευσεν] ἔτη [
[Ἀρτά]βανος: ἐβασίλε[υσε] μῆ(νας) [
[Ἀρτα]ξέρξης υἱὸς Μακρόχιρ ἐβ[ασίλευσεν ἔτη
[Ξέρξ]ης ὁ δεύτερος: ἐβασίλε[υσε μῆνας
[Σογδιαν]ὸς: ἐβασίλευσεν [ἔτη
[Δαρεῖος] ὁ Νόθος: ἐβα[σίλευσεν ἔτη
]φ[.]. υἱὸς [

Daß es sich nicht um eine Liste der Perserkönige schlechthin, sondern um die 27. manethonische Dynastie handelt, beweisen die 3 ersten Zeilen mit Sicherheit. Fraglich kann nur sein, ob es originaler Manethon, oder ein Auszug aus ihm ist, und in letzterem Falle, wie er sich zu den sonst vorhandenen Epitomai verhält.

Manethonauszüge (FHG II S. 595):

Africanus bei Synkellos:	Eusebios bei Synkellos:
α′ Καμβύσης ἔτει ε′ τῆς ἑαυτοῦ βασιλείας Περσῶν ἐβασίλευσεν Αἰγύπτου ἔτη ϛ′	α′ Καμβύσης ἔτει πέμπτῳ τῆς ἑαυτοῦ βασιλείας ἐβασίλευσεν Αἰγύπτου ἔτη γ′
— — — — — — —	β′· Μάγοι μῆνας ζ′

1 Hinter βασιλείας erscheinen in einigem Abstand die Spuren von 2 Buchstaben, die jedoch auch zwei nichts bedeutende Abdrücke sein können. Für die Ergänzung des Anfangs s. u. 2 Von Δ sind unten die beiden Ecken deutlich erhalten, nur die obere Spitze fehlt. Hinter dem sehr großen und breiten ϛ ist noch ϲ (vgl. Z. 3) = L (ἥμισυ) zu erkennen 3 P. $\overset{\eta}{\mu}$ (ebenso Z.6). Die Stellung des Verbums ist hier auffällig 4 P. Ὑστατιου

β' Δαρεῖος Ὑστάσπου ἔτη λς'	γ' Δαρεῖος ἔτη λς'
λ' Ξέρξης ὁ Μέγας ἔτη κα'	δ' Ξέρξης ὁ Δαρείου ἔτη κα'
δ' Ἀρτάβανος μῆνας ζ'	— — — — — — —
ε' Ἀρταξέρξης ἔτη μα'	ε' Ἀρταξέρξης ὁ Μακρόχειρ ἔτη μ'
ς' Ξέρξης μῆνας δύο	ς' Ξέρξης ὁ δεύτερος μῆνας β'
ζ' Σογδιανὸς μῆνας ζ'	ζ' Σογδιανὸς μῆνας ζ'
η' Δαρεῖος Ξέρξου ἔτη ιθ'	η' Δαρεῖος ὁ Ξέρξου ἔτη ιθ'
ὁμοῦ ἔτη ρκδ', μῆνας δ'	ὁμοῦ ἔτη ρκ' καὶ μῆνας δ'

Abgesehen von Z. 1 und 11 zeigt ein Vergleich unseres Fragmentes mit den Auszügen bald Übereinstimmung mit Africanus (Z. 4. 5), bald mit Eusebios (Z. 7. 8). Einigemal hat es mehr bzw. Richtigeres als beide (Z. 2, Zahl; ebenso 3; 7 υἱός sc. Ξέρξου; Z. 10 das richtige ὁ Νόθος gegenüber falschem ὁ Ξέρξου). Außerdem ist es eine vollständige Liste, aus der die anderen nur eine Auswahl bieten. Auch in Z. 1/2 ist unser Text dem Africanus-Eusebios ähnlich, aber nicht identisch mit ihm. Eine Ergänzung [Τῆς τῶν Περσ]ῶν βασιλείας und die Verbindung mit Z. 2 ist durch die Stellung und durch das Freisein der rechten Hälfte von Z. 1 unmöglich gemacht. Ähnlichen Schwierigkeiten würde die Ergänzung [Ἡ ἑβδόμη καὶ εἰκοστὴ δυναστεία περιέχει τῶν Περσ]ῶν βασιλείας x, [Καμβύσης] etc. begegnen. Die Spuren hinter βασιλείας stehen etwas unter der Zeile und lassen sich nicht zu der hier geforderten Zahl ergänzen; ferner reicht Z. 2 der Raum vorn nur für höchstens 6 Buchstaben, nicht aber für Καμβύσης. Da ferner Z. 2 der Zusatz τῆς ἑαυτοῦ βασιλείας o. ä. fehlt, muß man annehmen, daß in Z. 1 und der vorausgehenden Kolumne über das Emporkommen der Perserdynastie in Ägypten unter Καμβύσης die Rede war und Z. 2 ein [οὗτος δ'] stand.

Während ferner die Kirchenhistoriker hinter Darius II. noch die Jahressummen angeben, hat unser Text in Z. 11 etwas erzählt, vermutlich über die Herkunft des Νόθος, vielleicht auch über die Vertreibung der Perser.

Unter unseren Manethonfragmenten sind nur 3 mit etwas ausführlicherem Texte aus Josephos c. Apion. (FHG II No. 42. 50. 52), indessen auch sie kein originaler Manethontext (vgl. E. Meyer, Ägypt. Chronol. S. 71 f.). In fr. 42 wird ausführlich nur die Aufrichtung der Hyksosherrschaft und die Vertreibung dieser Könige geschildert. Dazwischen steht nur die trockene Regentenliste mit den Namen und Zeiten. [Über die verschiedenen Fassungen der Liste handle ich in der Hauptpublikation.] Ähnlich wird Frg. 50 der Hyksosvertreiber Τέθμωσις mit einigen Sätzen eingeführt, dann werden seine Nachfolger nur mit den Regierungsjahren aufgezählt, und nur beim letzten Einzelheiten mitgeteilt. Die späteren Manethonabschreiber haben zu dem einen oder anderen Könige historische Notizen mitausgeschrieben, die zeigen, daß der originale Manethon für die einzelnen Könige geschichtliche Notizen bot. Somit ist klar, daß auch unser Fragment nicht der originale Text sein kann, sondern eine der von Josephos benützten sehr ähnliche Epitome, die noch eine sehr viel vollständigere und genauere Liste bot als die von den Kirchenhistorikern ausgeschriebenen Exzerpte.

Was die wenigen erhaltenen Regierungszahlen anlangt, die auch bei Africanus und Eusebios mehreremal stark differieren, so zeigt auch unser Pap. erhebliche Verschiedenheiten. Kambyses erhält $6^1/_2$ Jahre gegen 6 bei Africanus und 3 bei Eusebios. Daß hier nicht mit Unger, Chron. d. Man. S. 287 nur ein Versehen des Schreibers vorliegt, scheint unser Frg. zu beweisen. Die sicheren Daten der Chronologie (vgl. Prášek, Gesch. d. Meder u. Perser I 246 f.; Lehmann-Haupt, Realenz. s. v. Kambyses) sprechen für Eusebios. Im 5. Regierungsjahr (525) wurde K. ägyptischer König (so auch Africanus), aber die Vorbereitungen und der Beginn des Zuges fallen 526 (= 4. Jahr); das genaue Datum der Schlacht von Pelusium ist zudem unbekannt. So konnte ein Epitomator wohl mit unserem Pap. die ägyptische Herrschaft schon im 4. Jahre beginnen lassen. Die Erklärung der 6 ägyptischen Regierungsjahre des Kambyses scheint folgende Erwägung an die Hand zu geben: Joseph. Antiqu. XI 2, 2 berichtet: Καμβύσης γὰρ ἓξ ἔτη βασιλεύσας καὶ καταστρεψάμενος ἐν τούτοις τὴν Αἴγυπτον, ὑποστρέψας ἐτελεύτησεν ἐν Δαμασκῷ. Das 6. Jahr der persischen Regierung ist 524/3, und in diesem brach nach der Behistûn-Inschrift der Aufstand des Gaumâta aus. Daß ägyptische oder jüdische Rechnung den verhaßten Zerstörer der Tempel und Töter des Apisstieres mit dem Beginn des Aufstandes aus der Königsliste strich, ist sehr begreiflich. Wahrscheinlich hat Manethon diese Zahl als Gesamtregierungsdauer angeführt und ein ungeschickter Epitomator sie für die ägyptische Regierungsdauer gehalten. Daß übrigens schon dem Josephos verschiedenartige ἐπιτομαί mit recht differierenden Angaben vorlagen, sagt uns dieser selbst mehrmals (darüber an anderem Orte). Unser Fragment geht also zumindest auf eine vor Africanus, vielleicht aber sogar auf eine vor Josephos verfaßte Epitome zurück.

12. CHRONOLOGISCHES WERK (DIE JAHRE 355—315 v. CHR. BETREFFEND).

Veröffentlicht Oxyrhynchus Papyri I No. XII (Rekto). Größe: 21 × 55,5 cm. 6 Kolumnen. Die Rolle ist beschnitten, so daß Ende und Anfang jeder Kolumne unvollständig ist. Die Rückseite enthält Rechnungen des 3. Jahrh. p. Chr. Die Unziale des Rekto ist nicht später als 250 p. Chr. (Rekto also um 200 v. Chr. geschrieben). Die Abfassung kann wegen III 33—37 nicht vor 30 v. Chr. stattgefunden haben. Das Werk mag also im 1. oder 2. nachchristlichen Jahrhundert zusammengestellt sein. Der Schreiber des Textes ist von einer zweiten Hand korrigiert worden, welche einige Paragraphi, Punkte, einige Noten und ι adscr. in halbkursiver Hand hinzufügte. Nur Kommata sind von mir eingesetzt. Zur Wert- und Quellenfrage W. Soltau, Philologus 58 (1899) S. 558 ff.

Col. I

— — — — — — — — —

355/4 [τούτων] κατὰ [τὸν δεύ]-
[τερον ἐ]ν Συρακούσαις [Δίων]
[ὑπὸ Διο]νυσίου τυράν[νου ἐδο]-

1 ff. Ergänzungen unsicher. Nach Diod. XVI 17 wurde Dionys 356 aus Syrakus vertrieben und Dion nach c. 31, 7 im Jahre 353 von zakynthischen Söldnern auf Anstiftung des Kallippos ermordet. Vgl.

354/3 [λ]οφονήθη · κατὰ δὲ τὸν [τρί]-
τον Τιβουτεῖνοι (ρ über ου) ὑπὸ [῾Ρωμαί]-
[ων] καταπολεμηθέ[ντες ἑ]-
[αυτο]ὺς παρέδοσαν · ὀλυμπι-
352 [άδι ἑβ]δόμηι καὶ ἑκατ[οσ]τῆι
[ἐνίκα] στάδ[ιο]ν Σμικρί[να]ς
[Ταρεντεῖνος · ἦρχον δ'] 'Αθή-
[νησιν 'Αριστόδημ]ος [Θε]σσαλὸς
['Απολλόδωρος Κ]αλλίμαχος ·
350—49 [τούτων κατὰ τὸν] τρίτον ἐ-
[πὶ ῾Ρώμης οἱ τι]μηταὶ πρῶ-
[τον ἐκ] τοῦ δήμου ἡρέθησαν ·
348 [ὀλυ]μπιάδι ὀγδόηι καὶ ἑκα-
[το]στῆι ἐνίκα στάδιον Πολυ-
[κλ]ῆς Κυρηναῖος · ἦρχον δ' 'Α-
[θή]νησι Θεόφιλος Θεμιστο-
[κλ]ῆς 'Αρχίας Εὔβουλος · ταύ-
348—7 [τη]ς κατὰ τὸ πρῶτον ἔτος
[Πλά]των ὁ φιλόσοφος με-
[τήλλα]ξεν καὶ Σπεύσιππος
[τὴ]ν σχολὴν διεδέξατο[·]
347—6 [κατὰ δ]ὲ τὸν δεύτερον Φί-
[λιππος] α[. . . . . .]αξι [. . .
— — — — — — — — —

Plutarch, Dion c. 37 und 54; danach wurde die Ermordung durch Kallippos vielleicht für Geld ausgeführt. Daß Dionys irgendwie dahinter stand, ist bisher unbekannt gewesen **5** Auch von Liv. VII 19 wird die Unterwerfung der Tiburtiner zu demselben Jahre berichtet **8** ι adscr. 2. H. **9** στάδ[ιο]ν Σμικρί[ν]ας oder στάδ[ι]ον Μικρί[να]ς kann gelesen werden. Beide Formen werden überliefert, vgl. Diod. XVI 37 und Africanus bei Euseb. ῾Ελλ. ὀλ. 42 **11** Der Archon von Olymp. 107, 2 heißt, wie v. Wilamowitz, Gött. gel. Anz. 1898, 693 gesehen hat, nach den Steinen Θεέλλος **13** ἐ[πὶ ῾Ρώμης οἱ τι]μηταὶ πρῶ[τον ἐκ] τοῦ δ[ή]μου ἡρ. erg. von Wilamowitz, Gött. gel. Anz. 1898 S. 693, 2. Vgl. Liv. VII 22. Die Herausgeber hatten Z. 14/5 [. . . . . κοσ]μηταὶ πρῶ[τον . . .] τοῦ δ[ρ]όμου geschrieben. ἐπὶ ῾Ρώμης ist ungewöhnlich. Es wird also 13 [ταύτης κατὰ τὸ] τρίτον ἔ 14 [τος ἐν ῾Ρώμηι τι]μηταί etc. zu schreiben sein **22** Vgl. Apollodoros b. Diog. Laert. V 9; Athen. 217 b; sie stimmen mit unserem Datum überein **25** Vgl. Diod. XVI 58: im böotisch-phokischen Kriege schickt Philipp absichtlich den Böotern nur wenige Soldaten zu Hilfe **26** Ob B[οιωτῶν] ἀξι[ουμένων] mit den Resten vereinbar ist, weiß ich nicht.

Col. II

— — — — — — — — —

344 [ἐνάτη καὶ ἑ]κ̣α̣[τοστῆ]
[ἐνίκα στάδιο]ν Ἀριστ[ό]λυκος
[Ἀθηναῖο]ς · ἦρχον δ' Ἀθήνησι
[Λυκίσκος Πυ]θόδοτος Σωσι-
γ[ένη]ς Νι[κό]μαχος · ταύτ[τη]ς κάτω
343—2 κατὰ δὲ τὸ δ[εύ]τερον ἔτ[ος[Διονύ-
σιος ὁ δεύτ[ερ]ος τῆς Σικελ[ίας]
τύραννος ἐκπεσὼν τῆς
ἀρχῆς κατέπλευσεν εἰς Κ[ό]-
ρινθον κα[ὶ] ἐκεῖ κατέμεινε
γράμματα διδάσκων · κατ[ὰ]
341—0 δὲ τὸν τέταρτον Βαγώας
εὐνοῦχος Ὦχον τὸν βασιλέ-
α τῶν Περσῶν δολοφονή-
σας τὸν νεώτατον αὐτοῦ τῶν
ὑἱῶν, Ἄρσην, κατέστησε βα-
σιλέα, αὐτὸς πάντα διοικῶν ·
340 ὀλυμπιάδι δεκάτηι καὶ ἑ-
κατοστῆι ἐνίκα στάδιον Ἀν-
[τ]ικλῆς Ἀθηναῖος · ἦρχο[ν] δ' Ἀ-
[θ]ήνησι Θεό[φραστο]ς [Λυσιμα]-
χίδης Χαιρώ[νδας Φρ]ύνιχος
340—39 τούτων κα[τὰ τὸν πρ]ῶτον

Col. II **2** Der Sieger heißt bei Diod. XVI 69 **Ἀριστόλοχος**. Im Pap. ist K aus X verbessert **5** κάτω verweist den Leser auf einen Nachtrag am Ende der Kolumne. **6** Vgl. Diod. XVI 70. Die Datierung der persischen Ereignisse weicht von der überlieferten Chronologie ab. Der ptol. Kanon (Wachsmuth, Einleitung S. 305 f.) setzt Arses' Thronbesteigung zwischen 15. Nov. 338 und 15. Nov. 337. Auf 338 führt auch Diod. XVII 5 fg., der diese Ereignisse ausführlich bespricht. Vgl. Niese, Gesch. d. griech. u. maked. Staaten I 49. S. Soltau, l. c. S. 570 ff., welcher mit Recht Exzerpte aus älteren römischen, annalistischen Quellen (Catos Origines) annimmt **23** fg. Nach Liv. VII 29 fg. begann dieser erdichtete 1. Samniterkrieg 343 (vgl. Niese-Hohl, Grundr. d. Röm. Gesch.[5] 55). Diesem Jahre gehört auch die erste Schlacht am Berge Gaurus an. Ähnliche Diskrepanzen um 3—4 Jahre zwischen römischen und griechischen Chronologen finden sich auch außerhalb unseres Papyrus, vgl. z. B. den Ansatz der Eroberung Roms durch die Gallier bei Polyb. u. a. auf 387/6 statt 390 (Niese-Hohl S. 51 f.)

[Σα]υνεῖται [Ῥωμα]ί[οι]ς π[αρ]ε-
339—8 [τά]ξαντο · κ[ατὰ δ]ὲ τὸν [δ]εύ-
[τε]ρον Λατεῖ[νοι ἐπὶ τοὺ]ς Ῥω-
[μ]αίους συν[στάντες ἐ]πέβη-
338—7 σαν · κατὰ δ[ὲ τὸ]ν [τρ]ίτον Φί-
[λιπ]π[ο]ς ὁ τῶ[ν Μ]ακεδόνων
[βασι]λεὺς τὴ[ν] ἐν Χαιρωνί-
αι ἐπιφανεστάτην μάχην
[Ἀθ]ηναίους καὶ Β(οι)ωτοὺς ἐνί-
[κη]σεν συμμαχοῦντος αὐ-
[τῶ τ]οῦ υ[ἱοῦ] Ἀλεξάνδρου
[καὶ ἀρ]ιστεύσ[α]ντός τοτε,
[καὶ Ἰ]σοκράτ[η]ς ὁ ῥήτωρ ἀ-
[πέθα]νεν · π[ερὶ] ἐνενήκον-
[τα ἔτη βιώσας]
— — — — — — — —

Col. III

[. . . . . Βα]-
γ[ώας ὁ ε]ὐνοῦ[χο]ς Ἄρ[σην]
τὸ[ν βα]σιλέα τῶν Περσ[ῶ]ν
ἀπέκ[τε]ινεν σὺν τ[ο]ῖς ἀδελ-
φο[ῖ]ς · κ[α]ὶ Δαρεῖον τ[ὸ]ν Ἀρσά-
μου βασιλικοῦ γέ[ν]ους ὄντα
βασιλέα ἀντὶ τοῦ Ἄρσου κα-
τέ[σ]τησε · τότε καὶ Ῥωμαῖοι
337—6 ἐπὶ Λατείνους ἐστράτευσαν ·
κατὰ δὲ τὸν τέταρτον τὸ κοι-

Col. II **26** Auch der Latinerkrieg ist etwas später datiert als bei Liv. VIII 3 fg. (Beginn 340). Diod. XVI 90, 2 läßt ihn erst 338 stattfinden **27** σὺν [αὐτοῖς ἐ]πέβησαν Soltau l. c. S. 572 **36** Cicero Cato mai. de senec. 5 und Dionysios Hal. Isokr. S. 537 geben dem Isokrates 98 Jahre

Col. III **1** fg. Vgl. Diod. XVII 5, welcher zum Jahre 335 diese Ereignisse schildert. Der ptol. Kanon setzt die Thronbesteigung des Darius zwischen 15. Nov. 336 und 15. Nov. 335 (vgl. Arrian II 142). Diod. l. c. c. 7 aber spricht von dem Ereignis, als habe es vor dem Tode Philipps stattgefunden (336) **8** Nach Livius VIII 11—13 dehnt sich der Krieg mit den Latinern bis 338 aus (vgl. Niese-Hohl a. a. O. 56), während Diodor (XVI 90, 2) denselben samt der Schlacht bei Sinuessa erst zum Jahre 338 erwähnt **9** fg. Ebenso Diod. XVI 89

νὸν τῶν Ἑλλήνων συνελ-
θόντες Φίλιππον αὐτοκρά-
τορα στρατηγὸν εἵλαντο τοῦ
πρὸς Πέρσας πολέμου · ὀλυμ-
336 πιάδι μιᾶι καὶ ἑκατοστῆι καὶ
δεκάτηι ἐνίκα στάδιον
α τι ε
Κλεόμ[[ε]]ν[[η]]ς Κλειτόριος ·
(ἐνείκα στάδιον Κλεόμαν-
τις Κλειτόριος) ἦρχον δ' Ἀθή-
νησι Πυ[θόδ]ηλος Εὐαίνε-
[το]ς Κτη[σικλ]ῆ[ς] Νικοκρά-
[τ]ης · τούτω[ν] κατὰ τὸν πρῶ-
336—5 τον Φίλιππος ὁ τῶν Μα-
κεδόν[ων] βασιλε[ὺ]ς ἀνη-
ρέθη ὑπ[ὸ Π]αυσανίου [ἑ]-
νὸς τῶν δορυφόρων · κ[αὶ]
διεδέξατο αὐτὸν ὁ υἱὸς
Ἀλέξανδρος · ὃς παραλα-
βὼν τὴν ἀρχὴν πρῶτον μὲν
Ἰλλυρίους καὶ Παίονας καὶ ἄλ-
λα βάρβαρα ἔθνη ἀποστάντα
ἐχ[ε]ιρώσατο · ἔπειτα Θήβας
δο[ρι]αλώτους λαβὼν κατέ-
σκαψεν · ἐν δὲ Ῥώμηι αἱ τῆς
Ἑστίας ἱέρεια[ι] παρ[θέ]νοι
[[μ]]ọυ̣ọ[α]ι̣ διὰ βίου κατηγορή-
[θησα]ν ὡς ἐφθαρμένας καὶ
[. . . . . . .] α̣ . σα[. .] υ̣ξ[. . . . .
— — — — — — — — —

19 Die richtige Form des 1. Archonten ist im Papyrus erhalten, während die Diodorhandschriften (XVI 91) Πυθόδωρος schreiben, vgl. den Apparat bei Dindorf-Fischer **21** fg. Vgl. Diodor XVI 93 zum Jahre 336. Arrian Anab. I 1, 1. Marmor Par. ed. Jacoby B 2 **29** Arrian Anab. I 1, 4 fg. berichtet von dem Zug im Frühjahr 335 gegen Triballer, Illyrier u. a. **31** Dazu Arrian I 7, 1 fg., Plut. Alex. 11, Marmor Par. **33** Nach Liv. VIII 15, der das Ereignis ins Jahr 337 setzt, war es nur eine Vestalin, die angeklagt und verurteilt wurde **35** 30 Jahre Jungfrauenschaft waren in älterer Zeit gefordert. Liegt hier eine Reform (etwa des Augustus) vor? Auch Dio Cassius LIV 27, 3 nennt sie ἀειπαρθένοι

Col. IV

— — — — — — — — —

[. . . . . .] . ν κατὰ δὲ τὸν
335—4 δ[εύτε]ρον Ἀλέξανδρος ὁ
τ[ῶν] Μακεδόνων βασιλεὺς
ε[ἰς τὴ]ν Ἀσίαν διαβὰς τὴν ἐ-
πὶ Γρανίκωι μάχην ἐνεί-
κησεν τοὺς Δαρείου βασιλέ-
ως Περσῶν στρατηγούς·
334—3 κατὰ δὲ τὸν τρίτον ὁ αὐτὸς
Ἀλέξανδρος παραταξά-
μενος Δαρείω ἐν Ἰσσῶι τῆς
Κιλικίας πάλιν αὐτὸν ἐ-
νείκησεν· καὶ πολλὰς μυ-
ριάδας τῶν Περσῶν καὶ τῶν
συμμάχων ἀπέκτεινεν·
καὶ αἰχμαλώτους πο[λ]λοὺς
ἔλαβεν [καὶ λεῖαν πο]λλήν·
τότε κ[αὶ Ἀλέξανδρ]ος ὁ Μο-
λοσσὸς [εἰς Ἰταλίαν δι]έβη
βοηθήσω[ν τοῖς ἐκεῖ] Ἕλ-
333—2 λησι· κατὰ δὲ [τὸν τέ]τ[α]ρ-
τον Ῥ[ω]μαῖοι [Ἀχερρα]νοὺς
ἐποιήσαντο π[ολίτας]

---

1 fg. Vgl. Plutarch, Cam. 19: Ἐνήνοχε δὲ καὶ ὁ Θαργηλιὼν μὴν τοῖς βαρβάροις ἐπιδήλως ἀτυχίας καὶ γὰρ Ἀλέξανδρος ἐπὶ Γρανίκῳ τοὺς βασιλέως στρατηγοὺς Θαργηλιῶνος ἐνίκησε. Nach Plut. Alex. 16 fand die Schlacht im Daisios statt, der ungefähr dem Thargelion entspricht. Diodor setzt sie unter Ktesikles, 334, an (XVII 17 fg.). Vgl. Marmor Par. B 4 (334/3) **8** fg. Nach Arrian II 11, 10 fand die Schlacht von Issos im Maimakterion unter dem Archontat des Nikokrates statt. Ebenso Diodor XVII 33. Die parische Chronik stimmt mit dem Pap. überein **17** Liv. VIII 3, 6 setzt den Auszug 340 an; vgl. aber Justin XII 1, 2 fg. Niese, Gesch. d. griech. u. maked. St. I 476 **20** fg. v. Wilamowitz, GGA 1898 S. 693, 2 denkt an die Ergänzung von Lukanern nach Liv. VIII 19 (zum Jahre 330), welche ein Bündnis mit den Römern schlossen. Ich ziehe das Liv. VIII 17 (Jahr 332) Berichtete vor: Romani facti Acerrani lege ab L. Papirio praetore lata, qua civitas sine suffragio data und ergänze also 21 fg. [Ἀχερρα]νοὺς (diese Form, bei App. Iber. 63 überliefert, füllt genau die Lücke im Gegensatz zu einem [Λευκα]νούς) ἐποιήσαντο π[ολίτας] Ῥώμης etc. [. . . . . . . ἄνευ ψή]φου. Die Hgg. lesen 23 τωμη . .[Für πολίτην ποιεῖσθαι „das Bürgerrecht verleihen“ vgl. z. B. Dem. 13, 24

Ῥώμης̣ . [. . . . . . . ἄνευ ψή]-
332 φου μεν̣ [. . . . . ὀλυμπιά]-
δι ἑκατοσ[τῆ δωδεκάτη ἐ]-
νίκα στά[διον Γρύλλος Χαλ]-
κιδεύς (·) [ἦρχον δ' Ἀθήνησι]
Νική[της] Ἀριστο[φάν]ης Ἀ-
ρι[σ]το[φῶ]ν Κηφισ[ο]φῶν · ταύ-
332—1 τη[ς κατ]ὰ τὸ πρῶτον ἔτος
[Ἀλέξ]α[ν]δρος ὁ Φιλίππου Τύ-
ρον εἷλεν · καὶ Αἴγυπτον πα-
ρέλαβε ⟦κ⟧ ἑκουσίως αὐτὸν
προσδεξαμένων τῶν
ἐνχωρίω[ν δ]ιὰ τὸ πρὸς Πέρ-
σας ἔχθρόν(.) [τό]τε̣ καὶ ἐκέλευ-
[σεν] — — — — — — — —

Col. V

— — — — — — — — —

331—0? ἐπιχ̣μ̣ι̣ος . [.] α̣ν̣α̣ . α̣ι̣ . .
ἀνέβη εἰς Ἄμμωνος καὶ
ἐν τῇ ἀναβάσει Παραιτόνι-
πόλιν·
330—29 ον κτίζει κατὰ δὲ τὸν τρίτον
μάχη πάλιν συνέστη κατὰ

Col. IV **30** Vgl. Arrian II 24, 6: Τύρος . . . . ἑάλω ἐπὶ ἄρχοντος Νικήτου Ἀθήνησι μηνὸς Ἑκατομβαιῶνος. Zwischen der Eroberung Ägyptens und der von Tyros liegt die Einnahme von Gaza. Das Marm. Par. läßt dies alles im Archontat des Nikokrates (333/2) stattfinden. Über die Eroberung Ägyptens s. Arrian III 1 fg. Alexander gründet ferner Alexandria, wovon vielleicht 37 fg. die Rede war. Vgl. Niese, Gesch. d. gr. u. mak. St. I 79 fg. Schubart, Ägypten v. Alex. d. Gr. bis auf Mohammed S. 1 f. Realenc. s. v.

Col. V **1** fg. Vielleicht noch dem Jahre 332/1 zuzuweisen. Die Parallelberichte s. bei Niese I 86 **3** Von der Gründung der Stadt Paraitonion durch A. ist sonst nichts bekannt. Arrian III 3, 3 und Strab. C 814 berichten nur, daß er bis P. am Meere entlang gezogen sei **5** fg. Die Schlacht bei Arbela ist fixiert durch eine wenige Tage vorher eingetretene Mondfinsternis (vom 20. Sept. 331), vgl. Niese I S. 90; Arrian III 15, 7; Plut. Alex. 31, der auch darauf hinweist, daß die Schlacht richtiger als die von Gaugamela zu benennen sei. Weitere Zeugnisse bei Jacoby, Marm. P. S. 193; Soltau l. c. S. 570

Ἄ^{ρ}β[[δ]]η^{λ}[[ρ]]α Ἀλεξάνδρου πρὸς Δα-
ρεῖον · ἣν ἐνείκησεν Ἀλέ-
ξανδρος · τότε καὶ ἐδολο-
φονήθη Δαρεῖος ὑπὸ τῶν
ἰδίων φίλων καὶ ἡ Περσῶν
ἀρχὴ κατελύθη διαμείνα-
σα ἀπὸ τοῦ συστήσαντος αὐ-
ɔ τὴν Κύρου ἔτη τριάκοντα
328 τρία · ὀλυμπιάδι ἑκατοστῇ
τρισκαιδεκάτῃ Κρίτων
Μακεδὼν ἐνίκα στάδιον (·)
ɔ ἦρχον δ' Ἀθήνησι Εὐθύκρι-
τος Ἡγήμων Χρέμης · ἐν
328—4 ταύτῃ τῇ ὀλυμπιάδι ἐπὶ
τέσσαρα ἔτη Ἀλέξανδρος
τὰς λοιπὰς πράξεις διεπρά-
[ξα]το τὰ ἐν τῇ Ἀσίᾳ ἔθνη
324 [χει]ρούμενος · ὀ[λ]υμπ[ι]άδι
[ἑ]κατοστῆι τεσσαρεσκαιδε-
κάτηι ἐνίκα στάδιον Μι-
κίνας Ῥόδ[ι]ος (·) ἦρχ[ο]ν δ' [Ἀθ]ή-
νησιν Ἡγησίας Κη[φισ]ο-
φῶν Φιλοκλῆ[ς] Ἄ[ρχι]ππος (·)
324—3 ταύτης κατὰ [τ]ὸ πρῶτον
ἔτος Ἀλέξανδρος ὁ βασ[ι]λεὺς

---

13 Das kritische Zeichen weist auf die Auslassung von ⟨διακόσια⟩; vgl. Z. 17, wo ein Archon fehlt. Nach einstimmiger Überlieferung kam Kyros Olympiade 55, 1 = 559 zur Regierung (vgl. Diod. IX 21). Das sind 230 Jahre. 233 ist also fehlerhaft, vielleicht aus Z. 32 fälschlich übertragen, wofür auch die Auslassung von διακόσια spricht **15** African. b. Euseb. Ἑλλ. ὀλ. nennt den Sieger Kliton **17** Ausgelassen ist der Archon Antikles (325/4). In Olymp. 113 ist bei den antiken Autoren Unstimmigkeit vorhanden. Diodor nennt XVII 82 fg. für Ol. 113, 1 Εὐθύκριτος, für Ol. 113, 2 Χρέμης, für Ol. 113, 3 Ἀντικλῆς, Ol. 113, 4 ist nicht erhalten. Das Richtige hat Dionys. Hal. Dinarch 9, wo Euthykritos, Hegemon, Chremes, Antikles steht **26** Die Archonten sind nach Diod. XVII 113 fg.: Ol. 114, 1 Ἀγησίου, doch haben die Inschriften wie die Chronik Hegesias, Ol. 114, 2 Κηφισοδώρου, 114, 3 Φιλοκλέους; 114, 4 fehlt **29** Vgl. Arrian VII 28 (Wilcken, Philol. 1894, 120 fg.)

μετή[λ]λαξε ἄρξας ἔ[τ]η δέ-
κα τρία · βιώσας δὲ ἔτη τριά-
323—2 κοντα τρία · κατὰ δὲ τὸν
δεύτερον Πτολεμαῖος ὁ Λά-
γου εἰς Αἴγυπτον πεμφθεὶς
ἦρξε τῆ[ς χ]ώρας · κα[τ]ὰ δὲ
τὸ τ[

— — — — — — — —

Col. VI.

— — — — — — — —

320 ἐνείκα[[ι]] ὀλυμπιά[δι ἑκατοστῇ]
πεντεκαιδεκάτ[η ἐνείκα]
στάδιον Δαμασίας [᾿Αμφιπο]-
λίτης · ἦρχον δ' ᾿Αθή[νησι Νέ]-
αιχμος ᾿Απολλόδω[ρος ῎Αρ]-
χιππος Δημογένη[ς · τού]-
320—19 των κατὰ τὸν πρ[ῶτον ᾿Αν]-
τίπατρος διαδεξά[μενος]
τὴν ἐν Μακεδονί[α βασιλεί]-
αν ἐν Λαμεία παρ[αταξά]-

Col. V **31** Auch das Marm. Par. B 8 gebraucht den Ausdruck μεταλλαγή. Es setzt die κυρίευσις des Ptolemaios noch unter Hegesias an **36** Diodor berichtet zum Jahre 322 (XVIII 43): κατὰ δὲ τὴν Αἴγυπτον Πτολεμαῖος . . . τὴν μὲν Αἴγυπτον ὡσανεί τινα ⟨βασιλείαν⟩ δορίκτητον εἶχεν

Col. VI **4** Νέαιχμος: Bei Diodor fehlen historische Angaben über Olymp. 114, 4 und 115, 1, so daß auch der Archon nicht genannt wird (vgl. XVIII 44). Im Marm. Par. wird wenigstens zu Neaichmos nichts erwähnt (ebenso zu Archippos) **10** Der lamische Krieg wird von allen anderen Quellen (Diod. XVIII 8, 1; Marm. Par. B 9; Euseb. Kan. ol. 114, 2) mit Recht ins Jahr 323/2 gesetzt. Unser Autor irrt hier und im Folgenden sehr von den sonst überlieferten Daten ab. Auch ist die Ausdrucksweise etwas ungenau, da die erste Schlacht nicht bei Lamia stattgefunden hat, sondern Antip. dort nach der Schlacht von den Verbündeten nur belagert wurde. Zu der von den herbeieilenden Hilfstruppen des Antip. unter Leonnatos verlorenen Schlacht paßt der Wortlaut auch nicht; denn Antip. selbst hat nach der Niederlage des L. eine Schlacht vermieden (vgl. Niese, G. d. gr. u. mak. St. I 201 fg.). Doch spricht auch Polyb. IX 29, 2 von einer solchen: ᾿Αντίπατρος μὲν ἐν τῇ περὶ Λαμίαν μάχῃ νικήσας τοὺς Ἕλληνας etc. Dies deutet im Verein

μενος τοῖς Ἕλλησι κ̣[ατεπο]-
λέμησεν αὐτούς · [Ῥωμαῖοι]
δὲ παραταξάμε[νοι τοῖς Σαυ]-
νείταις ἡττή[θησαν · κατὰ]
319–8 δὲ τὸν δεύτερον Ἀ[ντίπα]-
τρος εἰς Ἀσίαν δια[βὰς ἐπὶ]
Περδίκκα τὸν δεύτ[ερον δι]-
αμερισμὸν τοῖς δι[αδεχο]-
μένοις Ἀλέξανδρ[ον ἐποί]-
ἐν ὧ πάλιν Πτολεμαῖ[ος ἦν]
318—7 † ησεν · κατὰ δὲ τὸν [τρίτον]
Ῥωμαῖοι παραταξ[άμε]-
νοι Σαυνείταις ἐνί[κησαν]
καὶ τοὺς αἰχμαλωτ[ισθέν]-
τας αὐτῶν ἐν τῆι πρ[οτέ]-
ρα μάχη ἀπέλαβον[. ὀλυμ]-
316 πιάδι ἑκατοστῆι ἑκκ[αιδε]-
κάτηι ἐνίκα στάδιον [Δημο]-
σθένης Λάκω[ν. ἦρχον δ' Ἀ]-
θήνησι Δημοκ[λείδης Πρα]-
ξίβουλος Νικ[όδωρος Θε]-

---

mit παρ[αταξά]μενος der Chron. darauf hin, daß die Schlacht bei Krannon gemeint ist (322). Vgl. Soltau S. 574 **12** Livius setzt IX 1 fg. die Schlacht und die Einschließung in den kaudinischen Pässen ins Jahr 321. Vgl. dagegen Liv. IX 20. Dazu Soltau l. c. S. 573 **15** Den Übergang nach Asien setzt Diod. XVIII 29, 7 ins Jahr 322/1, das Marm. Par. B 11 den des Antigonos ins Jahr 321/0. Antipater und Antigonos hatten sich damals gegen Perdikkas verbündet (vgl. Niese, G. d. gr. u. mak. Staaten I 214) **16** Die Chronik zieht hier die Ereignisse der Jahre 322 und 321 (Teilung in Triparadeisos) sehr zusammen. ἐπί „wegen" ist von mir ergänzt, die englische Übersetzung ergänzt (to attack?). Ähnlich sagt Polyb. II 13, 7 ἐπὶ πολέμῳ διαβαίνειν Ἴβηρα. Ich glaube nicht, daß wir genötigt sind, wie die Herausgeber an σύν zu denken und ein Mißverständnis des Autors anzunehmen (Perdikkas wurde vor der Teilung in Ägypten getötet) **20** fg. Nach Liv. IX 13 wurden die Gefangenen 320 wieder befreit **23** αἰχμαλωτ[ισθέν]τας von mir ergänzt. Die Herausgeber schreiben αἰχμαλώτ[ους πάν]τας, dessen Verbindung mit dem Folgenden sehr hart ist **27** Diodor nennt als Sieger XIX 17 Δεινομένης Λάκων; Africanus bei Euseb. Ἑλλ. ὀλ. 42 Demosthenes **30** Statt Theodoros nennt Diod. XIX 73 Θεόφραστος (ebenso Dionys. Hal. Dinarch S. 650 und das Marmor Par.), so daß bei unserem Autor ein Versehen wegen des gleich endenden Νικ[όδωρος] vorliegt

ὄδωρος(.) τ[ούτων κατὰ τὸν]
316–5 πρῶτον [᾿Αντίπατρος ἐτε]-
λεύτησ[εν καὶ τὰ πράγμα]-
τα διεδ[έξατο Πολυπέρ]-
χων κα[. . . . .
— — — — — — — —

---

13. ALEXANDRINISCHE WELTCHRONIK.

Von W. Goleniščev in Gizeh erworben. Fundort unbekannt. Ausgabe von A. Bauer und J. Strzygowski in Denkschriften der Wiener Ak. 51 (1906), 2. Abh. Von dem ersteren stammt die endgültige Zusammensetzung, Ordnung und Erklärung der ursprünglichen 72 Fragmente, von dem letzteren die Erklärung der Miniaturen und ihre Einordnung in die kunstgeschichtlichen Zusammenhänge. Farbige Abbildungen sind beigegeben. Es sind Reste von mindestens 16 verschiedenen, doppelseitig beschriebenen Blättern eines größeren Werkes (Blattformat ungefähr 24 × 30 cm) vorhanden. Der Text zu den farbigen Bildern ist in der breiten, dicken, unzialen Rohrfeder-Buchschrift des 5. nachchristlichen Jahrh. geschrieben, in der vor allem griechische wie koptische religiöse Texte aufgezeichnet zu werden pflegen. Buchstaben und Zeilenabstände sind auf verschiedenen Seiten verschieden groß, an den Zeilenenden werden erstere oft kleiner, so daß zweifellos die Miniaturen zuerst gemalt wurden, und der Text dann dazwischen geschrieben wurde. Von der Hauptschrift, die mit braunschwarzer Tinte in zwei unterschiedlichen Händen gefertigt ist, verschieden sind die Beischriften zu den Miniaturen sowohl nach Tinte wie Schriftart; dennoch wird ein einheitlicher Schreiber anzunehmen sein. Der ursprüngliche Umfang ist auf 60 Blätter zu schätzen. Das Buch enthielt eine jener Chroniken, wie sie im 5. Jahrh. die alexandrinischen Mönche Panodoros und Annianos verfaßten. Das letzte erwähnte Ereignis ist die Zerstörung des alexandrinischen Sarapieions 392 p. Chr., womit das nationalägyptische Mönchtum über die alte Religion triumphierte. Es ist daher wahrscheinlich, daß der Schluß des Werkes erhalten ist. Wir besitzen von solchen, mit der unsrigen nahe verwandten Chroniken nur die des Hippolytos (zum Teil in der griechischen Fassung, zum Teil in der armenischen Übersetzung und der lateinischen Bearbeitung des Liber generationis I und II; vgl. A. Bauer, Die Chronik des H., Texte u. Unters. z. Gesch. d. altchristl. Lit. Bd. 14) und die des Annianos in der lateinischen Übersetzung des sogenannten Barbarus, mit welch letzterem sich unser Text besonders eng berührt. Neben den Übereinstimmungen mit dem Barbarus weist unser Pap. aber auch Verschiedenheiten auf, die einer Identifizierung mit Annianos im Wege stehen. Die Quellen beider aber sind in weitgehendem Maße gemeinsam. Die Anordnung der Fragmente ist im Ganzen die der Editio princeps; die römischen Ziffern über denselben entsprechen den Tafeln der Ausgabe; R = Rekto, V = Verso. Bezeichnung unsicherer Buchstaben ist von mir nach der Abb. gesetzt.

---

32 Antipatros starb nach Diod. XVIII 47, 4 fg. und Marmor Par. E 12 319/8 **35** κα nach den Herausgebern vielleicht Κα[σσανδρο.]

I R.

Nennung der 4 Jahreszeiten und der römischen Monate beginnend mit 'Ιούλιος. Die Bilder zeigen Reste von 3 stereotypen Frauenbüsten als Monate, deren je 4 (in 3 Kolumnen untereinander) nebeneinander gestanden haben müssen.

I V.

Ohne Bilder, enthält den Kanon der hebräischen, ägyptischen und attischen Monate in 3 Kol. nebeneinander, beginnend mit der Gleichung [Νησά]ν — Φαρ[μοῦθι]— [Ἑκατ]ομβαιώ[ν], die für den attischen Kalender falsch ist.

Es folgt

VIII R.

Auf Frg. A ist vom Hundsstern die Rede gewesen. Die Fetzen VIII H, I, K tragen nur wenige Buchstaben. I Verso enthielt vielleicht eine kreisförmig angeordnete graphische Darstellung zur Auffindung der Ostertage.

II R.

5 Fragmente (A—E) mit Inselnamen und einer zugehörigen Karte (kleine Vierecke mit eingeschriebenen Namen stellen die Inseln dar, umgeben vom bläulich gemalten Meer). Sie gehören dem Diamerismos (Verteilung der Erde unter Noes Nachkommen nach der Genesis) an; erhalten ist die Aufzählung der Inseln Chams nebst den ihm zugefallenen nördlichen Küstenländern. Die verschiedenen Rezensionen des Diamerismos hat Ba(uer) in der Ausgabe S. 92 fg. zusammengestellt; dieselben zeigen nur ganz geringfügige Umstellungen; unser Text würde eine Rezension mit völlig abweichender Ordnung sein, wenn die Bauersche Anordnung der Fragmente auf Taf. II richtig wäre. Ich habe aber starke Bedenken gegen die Zusammensetzung von E aus zwei Teilen. Diese erfolgte, da die Fasern nicht erhalten sind, nur nach den Malereikonturen und der Färbung. Mein Bedenken geht von der linken Hälfte von E aus, deren Schrift unten rechts Ba. zu Κνί[δος] ergänzt. Für diese Insel reicht aber der Raum keinesfalls (die Silbe steht zu bequemem Vergleich im Rechteck darüber). Auf der Rückseite sind in dem rechten Teil des Städtebildes die Horizontallinien in der Zusammensetzung zu hoch im Vergleich zur linken Seite. Trennt man beide Teile, so läßt sich eine völlig befriedigende Lösung der Schwierigkeiten im Anschluß an die bekannten Rezensionen gewinnen. Es ist dann nicht anzunehmen, daß Z. 7 ausgefallen ist (so Ba.), sondern A eine Zeile tiefer zu rücken, was auch die Rückseite zuläßt (vgl. dort Fr. D), und oben der Verlust von 2 Zeilen anzunehmen (Z. 1 und 2). Der Text stellt sich dann nach der Parallelüberlieferung folgendermaßen dar:

Rekto:

[Ἔχει δὲ καὶ νήσους ἐπικοίνους]
[τάσδε· Κόρσυλα· Λαπάδουσα· Γαῦλος·]

Erklärungen: 1 ἐπίκοινοι, weil sie Cham und Japhet gemeinsam sind, später im Gegensatz zu ἐπίσημοι (Z. 9) als „gewöhnliche" verstanden 2 Κόρσυλα = Κόρσυρα, Cossura, zwischen Sizilien und Afrika. Λαπ. = Λοπαδοῦσσα, südlich der vorigen

[Μελίτη· Κέρκινα· Μη]ν[ίς· Ταυριαν-]
[ίς· Σαρδανίς· Γά]λ̣ατ̣α· [Γορσύνη· Κρή-]
[τη· Ῥόδος· Θήρα· Κ]ο̣ρύαθ̣[ος· Ἀστυπά-]
[λαια· Χίος· Λέσβο]ς̣· Τε̣[νεδος· Ἴμβ-]
[ρος· Ἰασσός·] Σάμος· Κ[νίδος· Κῶος· Νίσ-]
[υρα· Μεγίστη·] Κύπ[ρος·]
[Ἐπίσημοι δέ εἰσι]ν· Κρήτη· [Σ]αρ[δανίς·]
Κύπρος

Darunter folgen die Inselbilder (Rechtecke vom blauen Meer umgeben), s. S. 49. Die unnatürliche Annahme B.s, daß auf der Karte die Inseln in anderer Reihenfolge gegeben worden seien als im Text, wird durch meine Anordnung berichtigt (vgl. beim Barbarus die vorausgehenden kleinasiatischen Provinzen, wo der Abschreiber die Subskriptionen unter den Bildern auch mit kopiert hat, ohne diese selbst zu zeichnen, und die Reihenfolge wie vorher im Text ist). Wir müssen also 26 + 3 Bilder erwarten, d. h. 6 × 4 und 1 × 5. Die 5 Bilder waren in der letzten Reihe, wie der erhaltene Text beweist, auch ist das letzte Inselbild bedeutend schmäler als z. B. das darüberliegende.

Im allgemeinen ist zu sagen: die S. 49 angegebene Verteilung der Karte (7 Inseln übereinander haben bequem in dem zur Verfügung stehenden Raume Platz) macht es wahrscheinlich, daß die erhaltenen

---

3 Sicher ist nach Ba. nur ν. Ba. läßt hier die Einleitung beginnen: [Εἰσὶ δὲ αὐτοῖς κ]αὶ ν[ῆσοι ἐπίκοινοι. Die Abb. zeigt vor ν keine Spuren; sollte das Original wirklich | davor zeigen, so paßt das als rechte Hasta von H sehr gut **4** ο (oder α) δια Ba. Nach der Abb. ist auch α statt δ möglich. Während ι ein gerader senkrechter Strich zu sein pflegt, zeigt er hier Schweifung unten rechts wie τ. Der obere Querbalken ist nicht mehr sichtbar. Der auf der Abb. unsichtbare erste Buchstabe wird nicht Α, sondern Λ sein, also λ̣ατ̣α **6** [Γά]λατα (?) Ba. Am Anfang könnte ω oder α mit Punkt sein (Ba.); ω wird aus ϲ verlesen sein. Dahinter steht τ, dessen lange rechte Hasta am Ende den Anfang von ε darstellt **9** Ba. [Σ]αρ[δα]νία. Die Abb. zeigt vom Schluß gar nichts

Erklärungen: **3** Μηνίς = Μήνη, Μῆνιγξ (Chron. pasch. Μῆνιξ) in der kleinen Syrte. Ταυριανίς = Ταυριανός σκόπελος (Ptol. III 1, 9) an der Westküste von Bruttium **4** Γάλατα Gallien. Γορσύνη: Liber genealogus hat richtig Corsica **5** Ῥόδος: Die Parallelüberlieferung hat außer dem Lib. geneal. Γαυλορίδη o. ä., eine Kontamination aus Gaulos und Rhodos. Unser Text hat der Buchstabenzahl nach das Richtige gehabt; Ba.s [Ῥ]οδία hat nirgends eine Entsprechung. Κορύαθος = Karpathos **7** Ἰασσός als Insel nicht belegt. Synkellos (p. 90 ed. Bonn.) wird mit Θάσος das Richtige treffen **8** Μεγίστη: Insel bei Phellos **9** Es folgt der sogenannte kleine Inselkatalog, der in manchen Rezensionen (vgl. Ba. in der Ausgabe S. 102) für den großen steht. Barbarus und Hippolytos haben ihn nicht, obwohl sie sonst mit dem Pap. nach meiner Ordnung identisch sind

Fragmente etwas mehr nach der Blattmitte zu rücken sind. Das ermöglicht, in A rechts einige Buchstaben mehr und dafür links einige weniger zu ergänzen. Die von Ba. gegebene Buchstabenzahl zwischen den Resten von A stimmt recht genau mit den nötigen Ergänzungen.

[Κόρσυλα]	[Λαπάδουσα]	[Γαῦλος]	[Μελίτη]	
[Κέρκινα]	[Μηνίς]	[Ταυριανίς]	[Σαρδανίς]	
[Γάλατα]	[Γορσύνη]	[Κρήτη]	[Ῥόδος]	
[Θήρα]	[Κορύαθος]	[Ἀστυπάλαια]	[Χίος]	
[Λέσ]β̣ις	Τέ[νε]δος	[Ἴμβρος]	[Ἰασσός]	
[Σά]μος	Κνί[δος]	[Κῶος]	Ν̣ί̣σ̣[υ]ρ̣α	
[Μεγίστη]	[Κύπρος]	[Κρήτη]	[Σαρδανίς]	Κύπρος

II V.

Enthält Gebäudebilder für die kleinasiatischen Landschaften, die in der sonstigen Überlieferung vor den Inseln stehen, so daß Ba. wohl mit Recht annimmt, der Maler habe aus Versehen hier das Verso zuerst beschrieben, und diese Seite gehöre vor die Inseln. Die sehr unsymmetrische Anordnung bei Ba. macht die Vermutung nicht unwahrscheinlich, daß der die Ba.sche Gruppierung veranlassende Vertikalstreifen des Verso (= Erhebung mit danebenliegender Furche) kein richtiger Wegweiser ist, die Fragmente vielmehr (wenigstens von B an) mehr nach der Mitte zu schieben sind (vgl. die Bemerkung zur Vs.). Nur der Liber generationis I hat 15 Provinzen (gegen 14 der anderen Rezensionen). Da der P. Μυσία II mit ihm gemeinsam hat, werden wir 15 Provinzbilder (zu 3 nebeneinander) anzunehmen haben. Nur von dreien der vordersten senkrechten Reihe sind die Beischriften erhalten:

Fr. B: (4. Bild) Μ̣ι̣σ̣ί̣α̣ δευτέρ[α]
Fr. D: (7. Bild) . . υλια
Fr. E: (10. Bild) [Π]ι̣σιδία

ης? δος . . . α
15—17 = Ba. 11—13 Σάμος Κνί- Κύ- Auf ης endigt keine
[δος] προς
Insel. Mir scheint eber β̣ις dazustehen. Eine verderbte Form liegt also sicher vor. — Die Spuren vor . . . α passen gut zu Νίσυρα; von ρ ist sogar der Bogen noch zu sehen. Die Buchstabenzahl Z. 8 zwingt Μεγίστη in den Text aufzunehmen und daher auch in der Bilderreihe einzusetzen

II V. 1 Ba. Μ[υσία]; Abb. zeigt deutliche Schriftspuren 2 Ba. [Α]ἰυλία

Erklärungen: Nach den anderen Quellen müßte Μυσία die 4. Stelle einnehmen; δευτέρα ist wahrscheinlich falscher Zusatz aus dem

III R.

Enthält Prophetensprüche, die der Barbarus nicht hat. Hippolytos hatte sie nach einer Erwähnung, doch sind sie nicht erhalten. Vorhanden sind sie im Chron. pasch. p. 279 Bonn. und bei Kosmas Indikopleustes (Migne, Patrol. ser. Graec. 88, 264), die nur ausführlicher sind.

Über dem erhaltenen oberen Bild steht ᾿Αβ[διούς], unter demselben Abd. 15:

[᾿Α̣]βδιοὺς εἶπ[εν·]
ἐ̣γγὺς ἡ ἡμέ[ρα τοῦ]
κ̣(υρίο)υ ἐ[π]ὶ πάντ[α τὰ]
[ἔθ]νη.

Darunter Jonas nebst Walfisch und der Spruch:

[᾿Ιω]νᾶς ἐγ[έ]νετο ἐ̣[ν]
[τῇ κ]οιλίᾳ [το]ῦ κ̣[ήτους]
[γ̄ ἡμέρ]ας [καὶ γ̄ νύκτας].

Vgl. außer Chron. pasch. und Kosmas l. c. Lukas 11, 30; doch geht die Fassung des P. auf eine außerkanonische zurück.

III V.

Oben über dem Bild:

[᾿Ιωὴλ εἶπε· δώσω]
[τέρατα ἐν οὐρα-]
[νῷ ἄ]νω καὶ [ἐπὶ]
[τῆς γ]ῆς κάτω.

Vgl. außer Chron. pasch. und Kosmas l. c. Joël 2, 30. — Unter dem letzten Wort in kleinerer Schrift Ναούμ als Bildbeischrift, darunter:

---

an 11. Stelle (= vorletzte des mittleren Streifens) anzusetzenden Mysia alia. Vor letzterem hat ein Schreiber an 10. Stelle [Π]ισιδία geschrieben, da auch an 3. und 4. Stelle die Folge [Πισιδία] Μ̣ι̣σ̣ία «δευτέρα» stand, statt des ähnlichen Λιδία (= Λυδία), das nach der Überlieferung richtig wäre, Πισιδία von oben fälschlich heruntergebracht

Daß keine abweichende Rezension vorliegt, scheint mir das 7. Bild mit . . υλία zu beweisen. Zu erwarten ist an dieser Stelle Καμηλία — Camilia — Camalia — Καββαλία (Synkellos l. c.), also die Landschaft Καβαλία zwischen Lykien und Pamphylien. Ba. will [Α]ἰυλία = Αἰολία lesen. Vor dem υ ist noch ein Stück einer senkrechten Hasta und oben eine Verbindung nach links zu sehen; die Reste passen also gut zu M, so daß an [Κα]μυλία, das sich in der Aussprache von Camilia — Καμηλία gar nicht unterscheidet, zu denken ist. Ist dies richtig, dann ist nach Verbesserung der Versehen die Rezension die des liber gen. I.

III R. 1 ᾿Αβδιούς ungewöhnlich statt ᾿Αβδιού 4 Hinter [ἔθ]νη noch eine Buchstabenspur?

[N]αοὺμ εἶπεν· [ἀν]-
[έ]βη ἐμφυσῶ[ν]
εἰς πρόσωπ[όν]
σου ἐξ[αι]ρούμ[ε]-
[νος ἐκ] θλίψε[ως].

Vgl. Chron. pasch. p. 281, Kosmas p. 268; Clemens Al. strom. I c. 21, 135, 4 (ed. Stählin); Lib. gen. II (Frick, Chron. min. I S. 100). Die danach vermutlich zu ergänzenden Prophetenbilder mit Beischriften übergehe ich.

IV R.

]ε̣
[Τούλλιος Σερούιος ἔτη [μδ
[Κύιντος Ταρκύνιος ἔτ]η λε
[Γίνονται δὲ ἀπὸ Ῥωμύλου ἔτη σνα. σ]υνά-
[γονται οὖν Λατίνων καὶ Ῥωμαίων] ὁμοῦ
[ἔτη χνγ. κατέληξε δὲ ἡ Ῥωμαίων βασιλ]εί-
[α ἐν ὀλυμπιάδι ξστ]

Solche Regentenlisten hinter der Weltchronik hatten Sextus Iulius Africanus und die auf ihn zurückgehenden Chroniken. Für die Ergänzungen ist der Barbarus (ed. Schöne S. 219, 218) benützt, dessen Seitenverteilung des Textes (und der ursprünglich vorhandenen Bilder) ebenfalls sehr ähnlich ist. XLI für den letzten römischen König (μα statt μδ) hat als leicht verständlichen Schreibfehler schon Frick, Chron. min. 302 im Barbarus verbessert.

IV V.

ἀρξάμενοι ἔτει]
εἰκοστ[ῷ Σαοὺλ βασιλέως Ἰούδα,]
οὕτως [ἦρξαν ἀπὸ Εὐρυσθέως Λα]-
κεδαι[μονίων βασιλέας.]
Εὐρυσθεὺ[ς ἔτη μ̣β]

IV R. 1 ε sehr unsicher, die sonstige Überlieferung hat hier λη oder λζ 4 fg. Vgl. Frick l. c. S. 303, wo nur die Stelle der Verba vertauscht ist. Unter dem Text sind von 6 römischen Königen (die Beischriften Σερούιος und Τα[ρ]κύν[ιος] sind rechts darüber vorhanden) Bilder erhalten. Rechts neben dem Text ist eine stehende Figur, deren Deutung nicht ganz sicher ist

IV V. 1 fg. Barbarus . . Anno vicesimo Sahul initiaverunt Lacedemoniorum reges, während Eusebius — Hieronymus dem Abrahamsjahr 916 das 16. Jahr Samuels und Sauls gleichsetzen. Die Ergänzungen geben nur Wahrscheinliches. Z. 1—3 richtig erg. v. Blass Archiv f. Pap. 3 S. 492 Ba. [ἄρξαντες ἔτει] . . ὅπως [ἄρξαι etc. 5 fg. Der Barbarus zählt

[Αἰ]γεὺς [ἔτος ᾱ]
[Ἐχ]έστρατ[ος ἔτη λε]
[Λ]αβώτη[ς ἔτη λζ]
[Δ]ορυσθε[ὺς ἔτη κθ]
[Ἀ]γησίλα[ος ἔτη μδ]
[Ἀ]ρχέλ[αος ἔτη ξ]
Τήλε[κλος ἔτη μ̣]
Ἀλκα[μένης ἔτη λζ]
Ὁμοῦ βα[σιλεῖς Λακεδαιμονίων θ ἄρξαν]-
[τ]ες ἔτη τ̣κ[ε. κατέληξαν ἐν τῇ ᾱ ὀλυμπιάδι.]

V R.

[Σωσ]θένης [ἔτη β ?]
[Ἀντί]γονο[ς ἔτη λε ?]
[Δημ]ήτρ[ιος ἔτη ι ?]
[Ἀντί]γονο[ς δεύτερος ἔτη ιε ?]
[Φίλι]ππος δ[εύτερος ἔτη με ?]
[Περσ]εὺς ἔτη ι ?]
[Πᾶ]σα μ[ὲν ἦ]ρ[ξ]ε Μα[κεδόνων]
βασιλεία ἐπ[ὶ] ἔτ[η χμζ μέχρι τῆς ρνγ]
ὀλυμπιάδος [ὑπὸ Ῥωμαίων αἰχμαλω]-
τευθεῖσα.

---

11 Könige (7. = Cemenelaus, 11. = Automedus). Der Papyrus folgt der bei Eusebius (Chronik I S. 223; Kanon I Append. S. 12 ed. Schöne) u. a. gegebenen Überlieferung. Vgl. im übrigen Beilage II des Hgg. Unter dem Text sind noch 3 Büsten der Agiaden erhalten

V R. **1** fg. Vgl. zur Liste der makedonischen Könige Barbarus fol. 44a. Zwischen Taf. IV und V fehlt, wie der Vergleich mit dem Barbarus zeigt, ein Blatt **7** Barbarus: haec Macedonorum regna regnantes ab anno Oziae regis Judae tricensimo tertio obtinuerunt per annos DCXLVII et cessaverunt in olympiada centesima LIII **10** Hinter dem Text steht ein Schlußzeichen, unter dem Text folgte eine Reihe Königsbüsten, dann als Subskription dazu

[λθ β]ασιλεῖς, οἳ ἐ[βασίλευσαν ὁμοῦ ἔτη]
[χμ]ζ.

Der Text gehört nach der Summe der schlechteren Überlieferung wie auch Africanus an (Literatur bei Bauer, Al. Weltchr. S. 46)

V V.

[Αὕτη ἡ βασιλεία τῶν Λυδ]ῶ̣ν
[διέμεινεν ἀρξαμένη ἐν ἔ]τ̣ε̣ι̣ α̅
[Ἀχὰζ βασιλέως Ἰούδα ἀπ]ὸ τῆς
[πρώτης ὀλυμπιάδος (?) ἔτ]η . ϰ̣̅
[ἐπαύσατο ἐν ὀλυμπιά]δι νη̅.

VI R.

383 [Τούτῳ τῷ ἔτει ἐσφάγη Γ]ρ[ατια]-
[νὸς ὁ βασιλεὺς ὑπὸ] Μαξίμου
[τοῦ τυράννου ἐν Λουγδ]ούνῳ πρὸ
[η̅ καλ(ανδῶν) Σεπτεμ(βριῶν), ὅ ἐστι]ν Θὼθ ϰς̅,
[καὶ αὐτῷ τῷ ἔτει ἐγε]ννήθη
[Ὀνώριος εἰς Κωνσταν]τινούπο-
[λιν πρὸ ε̅ εἰδ(ῶν) Σεπτεμ]β̣ρίων, ὅ

V V. 1 Die lydische Dynastie ist außer der Übereinstimmung der Zahl in Z. 5 mit Barbarus auch durch die phrygischen Mützen der darunter abgebildeten Königsbüsten gesichert. Rechts neben dem Text die Reste einer aufrecht stehenden Figur. Vgl. Barbarus fol. 44 b. Haec Lydiorum regnum incipiens a principio primae Olympiadae in primo anno Achaz regis Iudae et cessavit in Olympiada quinquagensima octava. Fiunt anni CCXXXII 4 Die Summe der Regierungsjahre schwankt zwischen σλ und σλγ (Belege bei Bauer S. 48), wozu die von Bauer gegebene Zahl . ϰ̅ nicht paßt. Die Abbildung zeigt, daß der Zahlstrich links über ϰ hinausgegangen ist, während rechts von ϰ nichts stand. Der Buchstabe ist nach der Abb. jedenfalls schlecht erhalten, die sichtbaren Reste würden zu λ passen, doch kann eine Entscheidung für oder gegen [σ]λ̅ nur am Original gefällt werden

VI R. 1 f. Der Barbarus ist vielfach für die Ergänzung maßgebend (Schöne I S. 239 fg.), dessen Schluß (zum Jahre 381?) berichtet: Eo anno occisus est Gratianus imperator sub Maximo Tyranno in Leuduna VIII K̅l̅ Septembris, und wohl zu 385: eo anno natus est Honorius in Constantinopolim V Idus S̅e̅p̅. Die Verbindung der beiden Angaben für ein Jahr haben nur die Fasti Vindobonen. prior. (Mommsen, Mon. Germ. hist. IX, Chron. min. I S. 297; Frick, Chron. min. I S. 392). Der Zahl 381 des Barbarus liegt ein Fehler zugrunde. Die Geburt des Honorius ist auf den 9. Sept. 384 anzusetzen. Die Ergänzung von P̅B̅ erst in Z. 9 ist deswegen möglich, weil Z. 8 nur halb ausgefüllt gewesen sein kann, also ein Sinnabschnitt vorhanden war. Ähnlich ist es aber VI V. 20 ohne Sinnabschnitt und neues Jahr, so daß das Datum vielleicht vorher stand 4 Bei dem von Bauer eingesetzten römischen Datum der sonstigen Überlieferung muß man einen Reduktionsfehler des Autors annehmen, der auch VI V. 16 und 23 erscheint. Der Thoth ist dabei dem August gleichgesetzt

[ἐστιν Φαῶφι ια̅].
384 [ΡΒ̅] [῾Ριχομήρου καὶ Κλεάρχ]ου τῶν λαμ(προτάτων)
[ἐπὶ Ἀντωνίνου (?) αὐγουστα]λίου.
385 [Ρ̅]Γ̣̅ Ἀρκαδίου α[ὐγ(ούστου) υἱοῦ Θεοδοσίου τ]ὸ ᾱ. καὶ
Βαύδωνος τ[οῦ λαμ(προτάτου) ἐπ' Εὐσ]ε̣β̣ί̣ο̣υ̣ α̣ὐγου-
[στα]λ(ίου).
386 ΡΔ̅ Ὀνωρίου ἐπι̣[φανεστάτου Καί]σαρος τὸ ᾱ. καὶ
Εὐοδίου τοῦ [λαμ(προτάτου)] ἐπὶ Παυλίνου αὐγου-
σταλ(ίου).
387 ΡΕ̈ Βαλεντιαν[οῦ α]ὐ̣γ(ούστου) τὸ ε̅ καὶ Εὐτροπίου
τοῦ λαμ(προτάτου) ἐπ' [Ἐρυθ]ρίου αὐγουσταλίου.
Τούτω τῶ ἔ[τει Τιμό]θεος ὁ ἐ-
πίσκοπος Ἀ[λεξανδ]ρείας, ὁ ἀ-
δελφὸς Πέ[τρου τοῦ ἐ]πισκό-
που, ἐτελεύ[τησεν Ἐπ]είφ κς̅
ἰνδικ(τίονος) β̅ κ[αὶ ἐκάθισε]ν ἀντ' αὐ-
τοῦ Θεόφ[ιλος ἔτη κη̅] καὶ αὐ-
τῶ τῶ ἔ[τει Μάξιμος] ἐπήρθη
εἰς βασιλ[έα πρὸ . . καλα]νδ(ῶν) Μαρ-
τιῶν κα[ὶ ἐσφάγη ἐν Κ]ορτῶ-

9 fg. Es sind in den Fasten immer die Konsuln und die Augustalen von Alexandrien angegeben (über letztere Bauer S. 53, 1) **10** Der Augustalis ist aus Barbarus (fol. 63 r.) eingesetzt, doch stimmen in diesen Beamten beide Texte öfter nicht überein **12** Für den Augustalis vgl. Archiv f. Papyrusf. II 267 fg. (P. Leipz. 63). Der Barbarus nennt Florentinus (vgl. aber Cod. Theod. in der Übersicht bei Bauer S. 115/6) **13** Zu ἐπιφανέστατος vgl. die von Ba. angeführten Belege. Die diokletianische Ära läßt der Chronist fälschlich 282 statt 284 beginnen **14** Zum Augustalis s. Cod. Theod. XII 6, 22 **15** τὸ ε̅: der Barbarus richtig III. Βαλεντιανός für Βαλεντινιανός auch sonst bezeugt **16** Erythrius, im Cod. Theod. IX 11, 1 erst für 388 genannt, ist sonst nicht bekannt **17** Barbarus berichtet zu 384: eo anno Timotheus episcopus Alexandrinus obiit Epifi XXVI et sedit pro eo Theofilos archidiaconus annos XXVIII et illos sacrilegos exterminavit **21** Die Indiktionsrechnung stimmt nicht, da im Sept. 386 die 15. Indiktion beginnt **22** Zur Zahl vgl. Eutychios von Alexandrien (Migne, Patrol. ser. Gr. vol. 111 S. 1025). Für Theophilos, den Zerstörer des Sarapistempels in Alexandria, vgl. die Literatur Bauer S. 57). Das Datum stimmt zu Theophanes (20. Juli 387; de Boor S. 470) gegen Barbarus (384) und Sokrates, Hist. eccles. V 12 (u. a.) [385] Die Bilder am rechten Rand stellen oben auf einem Fell den neugeborenen Honorios und darunter die Leiche des Maximus, beide unvollständig, unten die Mumie des Timotheos und den Theophilos (Beischriften Τιμόθεος und Ὁ ἅγιο[ς] Θεόφ[ι]λο[ς]) dar **25** Der Ort,

νι πρὸ ε̄ καλαν[δ(ῶν) Σεπτ]εμβρ(ίων).
388 Ρς̄ Θεοδοσίου αὐγ[(ούστου) τὸ β̄ καὶ] Κυνη-
[γίου] τοῦ λαμ(προτάτου) ἐ[π' Ἀλεξά]νδρου
[αὐγ]ουσ[τ]αλίου.
389 [ΡΖ̄] [Τιμασίου κ]αὶ Π[ρομώτου τῶ]ν
[λαμ(προτάτων) ἐπ' Εὐαγ]ρίο[υ αὐγουστα]λί[ου].

Die Zeilen sind der rechts eingefügten Bilder wegen von sehr ungleicher Länge. Bei den Jahreszahlen der diokletianischen Ära am linken Rand ist jedesmal der erste Buchstabe des Textes besonders groß und nach links ausgerückt. Eine Paragraphos darüber und darunter macht den Abschnitt deutlich.

VI V.

[Τούτῳ τῷ ἔτει μετὰ τοῦ υἱοῦ]
Ὀν[ωρίου Θεοδόσιος εἰσῆλθε]
ἐν [Ῥώμῃ καὶ αὐτὸν εἰς βασι]-
λέ[α ἔστεψεν εἰδ(οῖς) Ἰουν(ίαις) καὶ]

bisher nicht belegt, muß „in miliario III ab Aquileia" belegen sein. 3 römische Meilen nördlich von A. existiert eine noch jetzt Cortona benannte Fraktion der Gemeinde Ruda **26** Das Tagesdatum des Todes stimmt mit einer Überlieferungsgruppe (vgl. Bauer S. 59, 1), als Jahr aber wird sonst 388 angegeben; vgl. Seeck, Gesch. d. Unterg. d. ant. Welt V 216 u. Anm. Durch diese Angaben wird die Ergänzung des Μάξιμος (Z. 23) gesichert. Z. 24 ist aus keiner Parallelüberlieferung zu ergänzen. Zosimus (ed. Bonn. IV 37 S. 217) teilt mit, daß Maximos von Theodosios als βασιλεύς angenommen worden sei. Der Papyrus zieht die Ereignisse in ein Jahr zusammen. Für die Erhebung pflegt man 384 anzusetzen. Gerade in Alexandria wird nach Zosimus M. als Mitherrscher dem Volke durch Theodosius bzw. Kynegios vorgestellt **28** Ἀλέξανδρος wird im Cod. Theod. XIII 5, 18 erst 390 genannt, 391 aber Euagrios

VI V. **1** fg. Die Abbildung der linken oberen Hälfte, eine große und eine kleine Kaisergestalt (= Augustus und Caesar) mit Weltkugel, macht es wahrscheinlich, daß hier von der Anwesenheit des Theodosios und Honorios in Rom anläßlich des Sieges über Maximos die Rede war; vgl. Fasti Vind. prior. (Mommsen, Chron. min. IX 298) zum Jahre 389; Theophanes zu 388/9 (de Boor S. 70): τούτῳ τῷ ἔτει ἦλθε Θεοδόσιος ἐν Ῥώμῃ μετὰ Ὀνωρίου τοῦ υἱοῦ αὐτοῦ καὶ ἐκάθισεν αὐτὸν βασιλέα ἐν αὐτῇ πρὸ ε̄ ἰδῶν Ἰουνίου καὶ ἀνῆλθεν ἐπὶ Κωνσταντινούπολιν; Chron. pasch. zu 389 (ebd. 298 u. 245): ἐπὶ τούτων τῶν ὑπάτων εἰσῆλθε Θεοδόσιος ὁ βασιλεὺς ἐν Ῥώμῃ μετὰ τοῦ υἱοῦ Ὀνωρίου καὶ ἔστεψεν αὐτὸν ἐκεῖ εἰς βασιλέα. Kedren p. 569 Bonn. Die Fasti Idat. (ebd. p. 245) berichten gegenüber der Königtumsverleihung der anderen an Honorius richtig: his consulibus introivit Theudosius Aug. in urbem Romam cum Honorio filio suo die iduum Iuniarum ed dedit congiarium Romanis; Philostorgios, Hist. eccl. X 9 (D. christl. gr. Schriftst. 21 S. 129, 8). Die Ergänzung muß notwendig unsicher bleiben; an der oben gegebenen von Bauer gefällt mir die Wortstellung nicht, die Θεοδόσιος früher verlangt

ἔδ[ωκε κογγιάριον Ῥωμαίοις.]
390 ΡΗ Βα[λεντιανοῦ αὐγ(ούστου) τὸ δ̄ καὶ]
Ν[εωτερίου τοῦ λαμ(προτάτου) ἐπὶ . . .]
αυ[. . . . .]
391 Τα[τιανοῦ καὶ Συμμάχου τῶν]
[λαμ(προτάτων) ἐπ' Εὐαγρίου αὐγουστ(αλίου).]
[τούτῳ τῷ ἔτει Βαλεντια]-
[νὸς ἐτελεύτησεν ἐν Βιέννῃ]
[πρὸ δ̄ εἰδῶν Ἰουν(ίων) κ]α̣ὶ̣ ἐ̣π̣ήρ-
[θη εἰς βασιλέα Ε]ὐ̣γένιος
πρὸ ια̅ καλανδ(ῶν)] Σεπτεμβ(ριῶν)
[ὅ] ἐ̣σ̣τ̣ιν Θ[ὼθ] κ̅γ̅.
392 ΡΘ Ἀρκαδί[ου αὐγ(ούστου)] τὸ β̄ καὶ Ῥου-
φίνου τ[οῦ λαμ(προτάτου) ἐ]πὶ τοῦ αὐ-
τοῦ Εὐα̣[γρίου αὐγο]υσταλ(ίου)
Ἀλεξ[ανδρείας.]
Τού[τω τῷ ἔτει ἐν] . . . . α̣ις ἐσφά-
γη Εὐ[γένιος πρὸ] η̄ ἰδῶν Ἰα-

7/8 Der Augustalis ist unbekannt. Ba. hatte unter Vorbehalt an [ἐπὶ τοῦ] | αὐ[τοῦ αὐγουσταλίου o. ä. gedacht **9** Ba. nimmt wohl mit Recht an, daß hier die Konsuln von 391 stehen und daß die Hinzufügung der diokletianischen Ära aus Versehen unterlassen ist. Das nur in einem Rest (Unterteil) erhaltene Bild rechts neben der Schrift hat die Subskription Βαλεντι[ανός], von ihm war also die Rede. Die Ergänzungen Ba.s gehen zum Teil mit bis zu 4 Buchstaben in den verlorenen oberen Teil des Bildes hinein, wenn man am Zeilenschluß nicht engere Schrift annimmt **14** Zur Erhebung des Eugenios ist die einzige Parallele Fasti Vind. prior. zu 391: Taciano et Symmaco. his cons. defunctus est Valentinianus Viennae IV idus Iun. eo die (statt eodem anno) levatus est Eugenius imperator XI kl. Sept. Zum Tode Valentinians vgl. Marcellinus (Mommsen, Chron. min. XI S. 62); Orosius VII 35, 10; Philostorg., H. eccl. XI 1 (Migne 65, 593). Über die Unrichtigkeit des Datums Bauer l. c. 65, 1; ebd. über den Todesort **17** Über die falsche Zahl ΡΘ vgl. zu 9 **19** Euagrios ist auch nach Sozom., Hist. eccl. VII 15 und Nikeph. Callist., Hist. eccl. XII 25 als Augustalis im Jahr der Zerstörung des Serapeums angeführt. Der Cod. Theodos. nennt für 392 Potamius und Hypatius (Stellen bei Bauer S. 116/7, woselbst auch über die Unzuverlässigkeit desselben) **21** Rechts neben dem Text sitzt Εὐγέν[ιος] auf einem Hügel. Links ist stehend, wohl als Triumphator über Sarapis, [ὁ] ἅγιος Θ[εό]φιλος dargestellt. Rechts unten neben und unter der Schrift der Sarapistempel, gegen den Mönche heranschreiten, darüber Τακαρίον (Deutung unklar), links daneben [Σα]ρα-πῖ|[ο]ν τὸ | ἱερόν. — Statt α̣ις auch τ̣οις möglich **22** Die Fasti Vind. prior. (Mommsen IX 298) und Sokr. l. c. V 25 geben für 394 als Todes-

νου̣[αρ(ίων), ὅ ἐστι Φαῶφι] η̅, καὶ αὐτῷ
τῷ [ἔτει οἱ ναοὶ τῶ]ν Ἑ[λ]λήνω(ν)
ἐ̣λη[. . . . .] ε̣σ̣τ̣ [τῶ]ν̣ Χρι-
στια̣[νῶν . . . .]ου ἐπι-
σχι[ζ . . . .]τ[ὰ]
γρά[μματα . . . .] Ῥωμα-
νοῦ[. . . . .

tag 6. Sept. Januar ist fälschlich für September geschrieben, womit das ägyptische Datum Z. 23 nach der Rechnungsweise des Autors stimmt **24** fg. Die Ergänzung dieser und der folgenden Zeilen mit Hilfe des von Ba. beigebrachten Materials läßt sich meines Erachtens unschwer geben, wobei allerdings die Abbildung zur Kontrolle des von Ba. Gelesenen nicht ausreicht. Da Z. 25 ἐ̣λη kaum zu einem befriedigenden Verbum ergänzt werden kann, ziehe ich das von Ba. für möglich erklärte ὕ̣λη = Götterbild (vgl. z. B. Mitteis, Chrest. d. Pap. II 2 No. 319, 28) vor; es muß dann Z. 24 statt οἱ ναοί etwa φθαρτή im Anschluß an Sozom. Hist. eccl. VII 15 eingesetzt werden. Hinter ὕ̣λη stand das Verbum. Allerdings sind die von Ba. für ὕλη = Götterbild gegebenen Parallelen nicht beweiskräftig (wohl aber vielleicht die Stelle bei Mitteis). Mit εστ oder εσβ[τῶ]ν ist nichts anzufangen. Da Z. 27 bereits von dem Erlaß des Theodosius die Rede gewesen sein muß, halte ich es für unmöglich, in Z. 26 noch die Geschichte unterzubringen, nach der Theophilos einem Soldaten befahl, das Haupt des Sarapis zu spalten (ἐπισχι[ζ . . . .), aus dem Mäuse hervorkamen. Es wird vielmehr ἐπι|σχ̣ο̣[π dastehen und davor der Name, den man keinesfalls vermissen kann. Ich schlage also vor:

[τῷ ἔτει ἡ φθαρτὴ τῶ]ν Ἑ[λ]λήνω(ν)
ὕ̣λη [κατελύθη. πρ]έσβ̣[εω]ν Χρι-
στια̣[νῶν ὑπὸ Θεοφίλου τ]οῦ ἐπι-
σχ̣ό̣[που πεμφθέντων εἴ]τ[α]
γρά[μματα βασιλέως ὑπὸ] Ῥωμα-
νοῦ [— — — — — — — —

Der Name des Gottes Z. 24 wird in einer alexandrinischen Chronik nicht vermißt werden. Der kaiserliche Erlaß ist Cod. Theod. XVI 10. 11 (vom 16. Juni 391) erhalten, der an Romanos, den comes Aegypti und Christenfreund, sowie an den Augustalis Euagrius gerichtet ist. Ersterer wird ihn dem Bischof möglichst rasch zugeschickt haben (Literatur: Bauer S. 70, 4 u. 5). Die Datierung der Zerstörung ist umstritten, die alten Angaben schwanken zwischen 389 und 391. Für letzteres Jahr spricht z. B. der Cod. Theod. l. c. (Einzelheiten bei Ba. S. 73, 1). Von dem Abdruck der auf den Fragmenten von Taf. VII R und V vorhandenen biblischen Szenen (z. B. B V Besuch Marias bei Elisabeth mit Spruch nach Luk. 1, 48) und Sprüche sehe ich ab. Tafel VIII sind nur kleine Fragmente verschiedener Blätter, von denen ich auf B R ([ὁμο]ῦ ἀπὸ Ἀδὰ[μ ἔτη . . .) und C R ([ἀπὸ τ]οῦ Ἀδὰμ [ἔτη . . .]) wegen der Zählung nach Adamsjahren erwähne.

14. UNVERÖFFENTLICHTES FRAGMENT DER BERLINER SAMMLUNG.

Das folgende Stück, P. 13 361 der Berliner Sammlung, ist mir in liebenswürdiger Weise durch eine ziemlich verkleinerte Photographie von Herrn Prof. Schubart zugänglich gemacht und meine Abschrift später von ihm am Original nachgeprüft worden. Es besteht aus dem Hauptstück (Breite 25,5 cm; Höhe 11,4 cm; oberer Rand 2,3 cm) und 3 kleinen Fragmenten, deren Platz nicht festgestellt werden kann, und deren wenige Buchstaben, da sie wenig Charakteristisches ergeben (das größte zeigt Z. 2 nach Sch.s Lesung [διαφ]έρει ὑμ[ῖν], also eine Anrede), hier ebensowenig mitgeteilt sind, wie die wenigen Reste vom Schluß der I. und vom Anfang der IV. Kolumne. Zeit: Anfang des 2. Jahrh. n. Chr.

Col. II

[. . .]ι̣σ̣τογίτονος τα̣[. . . . .]
[. .]τ̣ούτοις κατ[. .]ϑ̣[. . . .]
ἀλλὰ καὶ βο[η]ϑ̣[είας τι]ν̣[ὰ]ς ἐξι-
ᾶσιν ἕκα[στοι κ]α[τὰ κ]αιροὺς
γεγενημ[έ]ν̣ας(·) ἔχ[ε]ι δ' οὕτως(·)
γ̣ε̣γόνα̣σ̣ι κατὰ καιρ[ό]ν̣ τ[ι]νες
βοήϑειαι καὶ παρ' Ἑ̣λλή̣νων Ἀϑη-
ναίοις καὶ Λακεδαιμο̣νίοις κα̣ὶ̣
ἴσως καὶ Κορινϑίοις καὶ Θηβαί-
οις τὸ μὲν ἀληϑὲς διὰ τὰς ο̣ἰ̣κεί-
ας ἑκάστων χρείας ἀεὶ τὸ ἰδία̣
σ̣[υ]μφέρον ϑεραπευόντων(,) οἵ-
ον̣ ἐ̣βοήϑουν Ἀϑηναῖοι Λακεδαι-
μονίοις [μ]ετὰ τὴν ἐν Λεύκ[τ]ροις

Erklärungen: **1** Es ist wohl [Ἀρ]ιστογίτονος zu ergänzen. Ob an den Tyrannenmörder zu denken und etwa [Ἁρμοδίου Ἀρ]ιστογίτονος τ' Ἀ[φιδναί|ων] zu schreiben ist, läßt sich nicht sagen **3** [τι]ν[ὰ]ς ist sehr fraglich; Sch(ubart):]·α̣[.].[.] **6** γ̣ε̣γόνα̣σ̣ι Sch. Nach der Photographie ist vom ersten γ nichts zu sehen, das zweite sieht wie ϑ aus und σ ist mir fraglich; ich hatte an [ἦ]λ̣ϑον κ̣α̣ὶ gedacht. καιρ[ό]ν̣: Sch. liest καιρ̣ο̣ύ̣ς, doch scheint mir ν sicher **10** ο̣ἰ̣κ̣ε̣ι Sch. **12** τὸ σ̣[υ]μ̣φέρον ϑεραπεύειν auch bei Thukyd. III 36 **13** Auf Kallistratos' Antrag wurde Iphikrates mit einem Heere im Frühjahr 369 Sparta zu Hilfe geschickt und im Sommer ein förmliches Bündnis mit der Stadt geschlossen; vgl. Xenoph. Hell. VI 5, 33 f.; Diod. XV 63 f.; Polyaen. III 9, 28; Nepos Iphicr. 2, 5; Paus. IX 14, 6 f.; Kallisth. fr. 12 (ed. C. Müller, Scriptores rerum Alexandri Magni S. 15)

[ἥττ]αν(,) ἵνα μὴ Θ[η]β̣αῖοι π[λ]έ̣[ον]
[τ]ο̣ῦ̣ δέοντος [ἰσχύσωσι — — —
— — — — — — — — — —

Col. III

[. .] . φ̣ησιν ὅσα̣ εὖ κ̣α̣κῶς
ἐ̣ποίη̣σαν 'Αθηναίους ἀν-
τεξετασθῆναι πρὸς ἀλλή-
λα̣ ο̣ὐ̣ δ̣ιαφέρομαι, δ̣έ̣ξασθαι
δ̣ὲ αὐ̣τοῖς ο̣ὐκ ἂν συ̣μβο̣[υ]-
λεύ[σαιμ]ι(.) ἀλλὰ καὶ ῥή[τρας]
τ̣ινὰ[ς ἀ]ν̣εγίνωσκον πά-
νυ γεν̣ν̣αίας καὶ καλάς(,) ἅς
φασι[ν] π̣ροῤῥηθῆναι Λακεδαι-
μονί̣ων̣ τισὶν ἐπὶ κίν̣δυ-
νον [ἀπο]πεμπομένοις(.)
ἐ̣φ' αἷς [ὑ]περήσθην̣ ἐσακού-
σ̣α̣ς̣ [. . .] κ̣αὶ [ἐ]θ̣αύ[μασα] ἐ̣[. .]
]ημ̣α κ̣α[
— — — — — — — — — —

Der Charakter des Fragmentes ist aus den wenigen Sätzen nicht mit völliger Sicherheit festzustellen, es könnte sich auch um ein Rednerbruchstück mit historischen Exkursen handeln (vgl. z. B. Z. 28 ὑπερήσθην), doch ist auch die Deutung als eine in ein Geschichtswerk eingelegte Rede durchaus möglich, wozu die Stilisierung besser zu passen scheint.

Erklärungen: **17** Die Lesung der fraglichen Buchstaben wird zum Teil Sch. verdankt, der auch εὖ κ̣α̣κῶς wohl richtig vorschlägt, obwohl die Nebeneinanderstellung ohne ἢ mir bedenklich ist. Vielleicht ist besser ⟨ἢ⟩ einzusetzen **20** Pap. α̣ι̣ (α darunter); α unten in blasser Tinte, also vielleicht von einer anderen Hand geschrieben; α ο̣ὐ̣ und μ̣α̣ι̣ von Sch., der richtig οὐ διαφέρομαι als „nichts dagegen haben" erklärt (vgl. Dem. 9, 8) **25** πρ von Sch. gelesen **26** Lies ἐπὶ κινδύν⟨ω⟩ν **29** ε̣ und **30** μ und κ Sch.

INDEX

R = Rekto; V. = Verso. Die Nummern des Papyrus sind fett gedruckt.
Röm. Ziffern bedeuten Kolumnen

1. GEOGRAPHISCHE NAMEN, VÖLKERNAMEN

2. PERSONENNAMEN; GÖTTER

INHALT

Frommannsche Buchdruckerei (Hermann Pohle) in Jena. — 5079

Kolibri 360 GmbH
Ferdinand-Jühlke-Straße 7
99095 Erfurt, Deutschland
produktsicherheit@kolibri360.de